过程安全导论

——适用于本科生与工程师

Introduction to Process Safety for Undergraduates and Engineers

〔美〕Center for Chemical Process Safety　编著
酒江波　孟亦飞　路　帅　尹法波　译
赵东风　刘　义　审校

中国石化出版社

内 容 提 要

本书系统介绍了过程安全的基础知识及相关管理要素。内容包括：过程安全基础、过程安全需求、工程学科的过程安全、过程安全设计、课程材料、工作场所的过程安全等部分。

本书能够帮助读者构建过程安全及基于风险的管控思想，为教师、学生提供理论指南，并有助于相关行业工作者对工程过程安全危害进行识别。本书的出版契合我国安全生产水平快速提升的迫切需求，弥补了当前过程安全基础教育的不足。

著作权合同登记　图字：01-2020-0813 号

Introduction to Process Safety for Undergraduates and Engineers
By Center for Chemical Process Safety(CCPS),ISBN:978-1-118-94950-4

图书在版编目(CIP)数据

过程安全导论：适用于本科生与工程师 / 美国化工过程安全中心编著；酒江波等译 .—北京：中国石化出版社，2023.5

书名原文：Introduction to Process Safety for Undergraduates and Engineers

ISBN 978-7-5114-7056-0

Ⅰ.①过… Ⅱ.①美… ②酒… Ⅲ.①化工过程-安全管理 Ⅳ.①TQ02

中国国家版本馆 CIP 数据核字(2023)第 069396 号

中国石化出版社出版发行

地址:北京市东城区安定门外大街 58 号
邮编:100011　电话:(010)57512500
发行部电话:(010)57512575
http://www.sinopec-press.com
E-mail:press@sinopec.com
北京富泰印刷有限责任公司印刷
全国各地新华书店经销

*

710 毫米×1000 毫米 16 开本 14.25 印张 230 千字
2023 年 8 月第 1 版　2023 年 8 月第 1 次印刷
定价:69.00 元

我们衷心希望本书的内容能为业界带来更好的过程安全纪录；但是，无论是美国化学工程师协会(AIChE)还是协会顾问，包括美国化学工程师协会化工过程安全中心(CCPS)技术委员会及其分会会员、其用人单位、用人单位领导及负责人，均不以任何声明或暗示对本书内容的正确性或准确性作出保证或说明。在(1)美国化学工程师协会(AIChE)及协会顾问、美国化学工程师协会化工过程安全中心(CCPS)技术委员会及其分会会员、其用人单位、用人单位领导及负责人与(2)本书用户之间，任何因用户对本书的使用或不当使用所造成的法律责任，均由(2)本书用户自行承担。

翻译人员

酒江波	孟亦飞	路　帅	尹法波	廖启霞
丁　璇	杜闲闲	张静文	杨慧芳	庞东福
蔺雨婷	王铭绅	韩玉杰	陈　晨	肖　芸
卢朋慧	王所伟	张懿晨	代强强	孙连云
武红杰	刘会博	张雅娟		

译者的话

美国化工过程安全中心(CCPS)是美国化学工程师协会(AIChE)1985年成立的一家非营利性企业联合组织，该中心致力于在化工、制药、石油等领域的过程安全研究与评估。CCPS的主要工作成果之一是一系列协助企业实施RBPS中各个要素的指南性书籍，截至目前，CCPS已经出版各类指南性书籍100余本，促进了企业、政府、咨询业、学术界、保险业等行业对工业过程安全的认识与提高。2007年4月，中国石油大学(华东)与美国化学工程师协会化工过程安全中心达成紧密合作关系，致力于在中国推广最新的过程安全技术和管理经验；担任中国过程安全资料库的首要信息来源；推进大学本科工程教育中的过程安全学习；推广过程安全使其产生重要的工业价值。

中国石油大学联合CCPS通过在国内举办化工过程安全会议、培训以及翻译CCPS化工安全教育课程(SAChE)、CCPS指南书籍等方式来实现其使命。2018年，为进一步促进CCPS出版物的翻译转化工作，中国石油大学(华东)启动了"CCPS出版物翻译计划"，并在全国范围内招募志愿者参与该计划，得到了众多企业及行业专家的大力支持。*Introduction to Process Safety for Undergraduates and Engineers*是CCPS于2016年6月出版的一本过程安全管理基础书籍，该书概览性地介绍了整个基于风险的过程安全管理体系的框架及内容，并介绍了某些特定单元操作的过程安全问题，展示了过程安全的各个方面如何与现有化学工程课程的直接联系，描述了新工程师在工作的最初几年中，在过程安全方面可以预期的一些任务。对于大学本科生和新工程师来说，是一本十分适用的入门书籍，因此被选择为"CCPS出版物翻译计划"实施的第二本书籍。

本书的出版先后经历了任务组织分配、原文翻译、相互校对、整体校对、第三方审校等过程，中间屡经波折，导致整个过程持续时间较长，在此对参与本书翻译校对工作的相关人员表示歉意。本书的最初译本由“CCPS 出版物翻译计划志愿者”的团队成员完成，后期审校过程中，中国石油大学(华东)安全环保与节能技术中心的专家老师、第四届化工安全复合型人才高级研修班的部分学员参与了大量的工作，提出了很多有益的建议；此外，中国石油大学(华东)化工安全方向研究生以及2019级化工安全工程专业的部分本科生参与了最后一版成稿的通读及修订工作，大大改善了本书的可读性。在此对以上贡献人员一并表示感谢！

基于忠于原版及保证全书内容连贯性和准确性的原则，本书沿用了原版所使用的英制单位体系，这与目前常规使用的国际标准单位体系存在较大的差异，读者在学习过程中可能会遇到一些不熟悉的单位名称、单位表述方式。

由于译者水平有限，书中翻译难免有不当之处，敬请读者谅解，并提出宝贵的改进意见。

目　录

表格清单 …………………………………………………………（Ⅴ）
插图清单 …………………………………………………………（Ⅵ）
缩略语 ……………………………………………………………（Ⅹ）
术语 ………………………………………………………………（Ⅻ）
致谢 ………………………………………………………………（ⅩⅦ）
前言 ………………………………………………………………（ⅩⅨ）

1 引言 / 1

1.1　本书的目的 …………………………………………………（1）
1.2　读者对象 ……………………………………………………（1）
1.3　过程安全定义 ………………………………………………（1）
1.4　本书的结构 …………………………………………………（2）
1.5　参考文献 ……………………………………………………（3）

2 过程安全基础 / 4

2.1　基于风险的过程安全 ………………………………………（4）
2.2　过程安全文化 ………………………………………………（9）
2.3　标准符合性 …………………………………………………（11）
2.4　过程安全能力 ………………………………………………（13）
2.5　员工参与 ……………………………………………………（14）
2.6　与利益相关者沟通 …………………………………………（15）
2.7　过程知识管理 ………………………………………………（16）
2.8　危害识别与风险分析 ………………………………………（17）
2.9　操作程序 ……………………………………………………（20）
2.10　安全作业规程 ……………………………………………（21）
2.11　设备完好性及可靠性 ……………………………………（23）

2.12 承包商管理 …… (24)
2.13 培训及绩效保证 …… (25)
2.14 变更管理 …… (26)
2.15 开车准备 …… (28)
2.16 操作守则 …… (29)
2.17 应急管理 …… (30)
2.18 事件调查 …… (33)
2.19 衡量及指标 …… (35)
2.20 审核 …… (37)
2.21 管理评审与持续改进 …… (38)
2.22 小结 …… (39)
2.23 参考文献 …… (40)

3 过程安全需求 / 43

3.1 过程安全文化：BP 得克萨斯炼油厂爆炸事故，2005 年 …… (46)
3.2 设备完好性及可靠性：ARCO Channelview，得克萨斯爆炸，1990 年 …… (51)
3.3 过程安全文化：NASA 哥伦比亚号航天飞机事故，2003 年 …… (52)
3.4 过程知识管理：概念科学爆炸，宾夕法尼亚州汉诺威镇，1999 年 …… (55)
3.5 危害识别与风险分析：埃索朗福德天然气厂爆炸事故，1998 年 …… (58)
3.6 操作程序：爱荷华州尼尔港硝酸铵爆炸，1994 年 …… (61)
3.7 安全作业规程：英国北海 Piper Alpha 事故，1988 年 …… (63)
3.8 承包商管理：帕特里奇罗利油田爆炸，罗利，MS，2006 年 …… (67)
3.9 设备完好性及可靠性：英国米尔福德港德士古炼油厂爆炸，1994 年 …… (69)
3.10 操作守则：伊利奥波利斯福尔摩沙塑料 VCM 爆炸事件，2004 年 …… (71)
3.11 工艺变更管理：Flixborough 爆炸，英国，1974 年 …… (75)
3.12 应急管理：桑多兹仓库火灾，瑞士，1986 年 …… (77)
3.13 操作守则：埃克森瓦尔迪兹，阿拉斯加，1989 年 …… (79)

3.14 标准符合性：墨西哥城，Pemex液化石油气站，1984年 …… (82)
3.15 过程安全文化：印度博帕尔异氰酸甲酯释放事件 …… (85)
3.16 从失败的经验中学习：BP马里亚纳井喷，墨西哥湾，2010年 …… (87)
3.17 小结 …… (92)
3.18 参考文献 …… (93)

4 工程学科的过程安全 / 94

4.1 概述 …… (94)
4.2 工艺过程知识管理 …… (96)
4.3 标准符合性 …… (97)
4.4 危害识别与风险分析、变更管理 …… (98)
4.5 设备完好性及可靠性 …… (100)
4.6 安全作业规程 …… (100)
4.7 事件调查 …… (101)
4.8 深度学习资源 …… (101)
4.9 小结 …… (103)
4.10 参考文献 …… (103)

5 过程安全设计 / 104

5.1 过程安全设计策略 …… (104)
5.2 一般机组运行及其故障模式 …… (105)
5.3 石油加工 …… (136)
5.4 非常规操作 …… (145)
5.5 参考文献 …… (147)

6 课程材料 / 151

6.1 引言 …… (151)
6.2 本质更安全设计 …… (151)
6.3 过程安全管理和全生命周期守恒 …… (151)

6.4　过程安全概览以及化学过程工业中的安全 …………………… (152)
6.5　过程危害 ………………………………………………………… (152)
6.6　危害识别与风险分析 …………………………………………… (155)
6.7　紧急泄放系统 …………………………………………………… (156)
6.8　实例 ……………………………………………………………… (157)
6.9　其他单元 ………………………………………………………… (159)
6.10　小结 …………………………………………………………… (160)
6.11　参考文献 ……………………………………………………… (160)

7 工作场所的过程安全 / 161

7.1　概述 ……………………………………………………………… (161)
7.2　新技能 …………………………………………………………… (164)
7.3　安全文化 ………………………………………………………… (165)
7.4　操作守则 ………………………………………………………… (166)
7.5　小结 ……………………………………………………………… (182)
7.6　参考文献 ………………………………………………………… (182)

附录 A　RAGAGEP 效果样例表 ……………………………… (184)
附录 B　CSB 视频清单 ……………………………………… (186)
附录 C　反应性化学品检查表 ……………………………… (189)
附录 D　安全与化学工程教育(SAChE)课程清单 ……… (194)
附录 E　反应性危害评估工具 ……………………………… (196)
索引 ……………………………………………………………… (199)

表格清单

表 2.1　RBPS 要素与 OSHA PSM 要素对比 …………………………………（7）
表 2.2　过程安全相关标准、规范、法律法规示例及其来源 ……………（12）
表 2.3　危害评估同义词 ……………………………………………………（18）
表 2.4　典型的 HAZOP 分析记录表模板 …………………………………（19）
表 2.5　安全作业要素范围内的典型作业活动 ……………………………（22）
表 3.1　选取的事件及过程安全管理系统 …………………………………（44）
表 4.1　新入职工程师的过程安全活动 ……………………………………（94）
表 4.2　受组织变更影响的事故 ……………………………………………（99）
表 5.1　流体输送设备的常见失效模式、原因、后果和设计注意事项 ……（108）
表 5.2　换热设备的常见故障模式、原因、后果、设计注意事项 …………（113）
表 5.3　反应器常见故障模式、原因、后果、设计注意事项 ………………（125）
表 7.1　简化的过程安全培训课程矩阵示例 ………………………………（161）
表 A.1　XYZ 化学品的 RAGAGEP 清单……………………………………（184）
表 B.1　CSB 视频列表 ………………………………………………………（186）
表 D.1　安全与化学工程教育课程清单……………………………………（194）
表 E.1　记录筛选化学反应危害的示例表格………………………………（196）

插图清单

图 2.1　19 世纪硝化甘油反应器图片……（5）
图 2.2　硝化甘油连续反应器……（6）
图 2.3　风险说明……（8）
图 2.4　挑战者号灾难(NASA 提供)……（10）
图 2.5　羟胺爆炸事故中建筑受损和进料罐爆坑影像(图片源自 CSB)……（16）
图 2.6　Motiva 炼油厂坍塌的储罐(图片源自 CSB)……（21）
图 2.7　52in 长管道部件破裂(图片源自 CSB)……（23）
图 2.8　1947 年得克萨斯城灾难后燃烧的孟山都(Monsanto)工厂航拍图……（31）
图 2.9　CCPS 和 API 过程安全衡量指标金字塔(参考文献 2.46)……（34）
图 2.10　损坏的换热器尾部图片(参考文献 2.33)……（37）
图 3.1　瑞士奶酪模型(参考文献 3.1)……（46）
图 3.2　抽余液塔和放空罐工艺流程图(来自 CCPS，2008 年)……（47）
图 3.3　事故后 ISOM 单元情况(图片来自 CSB)……（48）
图 3.4　承包商所在的移动板房被摧毁(图片来自 CSB)……（48）
图 3.5　废水储罐工艺流程图……（51）
图 3.6　哥伦比亚号航天飞机解体(图片来自 NASA)……（53）
图 3.7　撞击哥伦比亚左翼后的泡沫碎片(发射时并未观测到，图片来自 NASA)……（53）
图 3.8　汉诺威概念科学装置破坏(图片来自 Tom Volk，The Morning call)……（56）
图 3.9　CSI-HA 真空蒸馏过程的简化工艺流程图(图片来自 CSB)……（57）
图 3.10　吸收塔简图(图片来自 CCPS，2008 年)……（59）
图 3.11　气体装置简图(图片来自 CCPS，2008 年)……（59）
图 3.12　中和器和接收罐(图片来自 EPS，1996 年)……（62）
图 3.13　爆炸发生后的 AN 工厂(图片来自 EPA，1996 年)……（62）
图 3.14　Piper Alpha 海上平台(图片来自 CCPS，2008 年)……（64）
图 3.15　Piper Alpha 平台简图(图片来自 CCPS，2008 年)……（64）

图 3.16　帕特里奇罗利油田爆炸中涉及的油罐(图片来自 CSB，2006 年) …………………………………………………… (67)
图 3.17　3 号罐顶(图片来自 CSB，2007 年) ………………………… (68)
图 3.18　英国米尔福德港德士古炼油厂爆炸事故(图片来自 Western Mail and Echo Ltd) ……………………………… (70)
图 3.19　断裂并释放 20t 蒸气的 30in 火炬管线弯头 ……………………… (71)
图 3.20　福尔摩沙工厂上空的烟雾云状物(图片来自 CSB，2007 年) …… (72)
图 3.21　反应釜楼内正视图(图片来自 CSB，2007 年) ……………………… (72)
图 3.22　反应釜建筑内的通道(图片来自 CSB，2007 年) ………………… (73)
图 3.23　Flixborough 替代管道示意图(图片来自调查法院事故报告) …… (75)
图 3.24　毁坏的 20in 管道 …………………………………………………… (76)
图 3.25　Flixborough 工厂遭到毁坏 ……………………………………… (76)
图 3.26　Flixborough 控制室遭到毁坏 …………………………………… (76)
图 3.27　Sandoz 仓库消防救援(图片来自 CCPS，2008 年) ……………… (78)
图 3.28　Sandoz 仓库火灾消防径流的影响(图片来自 CCPS，2008 年) … (78)
图 3.29　埃克森瓦尔迪兹油轮泄漏石油(图片来自埃克森瓦尔迪兹石油泄漏托管委员会) …………………………………………… (79)
图 3.30　岸上的浮油(图片来自埃克森瓦尔迪兹石油泄漏托管委员会) … (80)
图 3.31　一艘带有水箱和溢油处置装置的大型驳船正在冲洗威廉王子湾海滩(图片来自埃克森瓦尔迪兹石油泄漏托管委员会) ……………… (80)
图 3.32　清洁工人用高压软管冲洗被油污染的岩石(图片来自埃克森瓦尔迪兹石油泄漏托管委员会) …………………………………………… (80)
图 3.33　PEMEX LPG 气站布置图(图片来自 CCPS，2008 年) …………… (82)
图 3.34　爆炸前的 PEMEX LPG 气站(图片来自 CCPS，2008 年) ……… (84)
图 3.35　爆炸后的 PEMEX LPG 气站(图片来自 CCPS，2008 年) ……… (84)
图 3.36　紧急泄放物料处理系统示意图(包括洗涤器和火炬塔) ………… (85)
图 3.37　事件发生后不久拍摄的照片(图片来自 Willey，2006 年) ……… (86)
图 3.38　深水地平线发生火灾(图片来自 CSB，2010 年) ………………… (88)
图 3.39　泥浆—气体分离器位置(图片来自 TO，2011 年) ……………… (89)
图 3.40　气体释放点(图片来自 TO，2011 年) …………………………… (90)
图 3.41　Macondo 油井防喷阀 ……………………………………………… (91)
图 5.1　机械密封失效引起的火灾损坏 ……………………………………… (106)
图 5.2　泵因运行时被隔离而爆炸 …………………………………………… (106)
图 5.3　离心泵原理图(参考文献 5.6) ……………………………………… (106)

图 5.4　单、双机械密封(参考文献 5.7) ………………………………… (107)
图 5.5　双螺杆式容积泵(图片来自 Colfax 流体处理公司) ………………… (108)
图 5.6　齿轮式容积泵(图片来自网站: http://www.tpub.com/gunners/99.htm) ……………………………………………………… (108)
图 5.7　示例应用数据表(由 OEC 流体设备公司提供) …………………… (110)
图 5.8　由于与传热流体的反应导致管道破裂 …………………………… (111)
图 5.9　管壳式换热器(参考文献 5.9) …………………………………… (112)
图 5.10　板式换热器剖面图(参考文献 5.10) ………………………… (112)
图 5.11　冷式换热器原理图(参考文献 5.11) ………………………… (112)
图 5.12　双管板换热器(图片来自 www.wermac.org) ………………… (113)
图 5.13　A 蒸馏塔示意图(参考文献 5.11)和 B 典型工业蒸馏塔(©苏尔寿化工有限公司) ……………………………………………… (114)
图 5.14　活性炭床吸附器系统示意图(参考文献 5.16) ……………… (115)
图 5.15　集尘器袋损坏(参考文献 5.25) ………………………………… (119)
图 5.16　集尘器管板(参考文献 5.25) …………………………………… (119)
图 5.17　配置现场清洗系统及出料槽的卧式刮刀卸料离心机(参考文献 5.26) ………………………………………………………… (119)
图 5.18　连续推进式离心机剖面图(参考文献 5.26) ………………… (120)
图 5.19　袋式集尘器示意图(由唐纳森-托里斯提供) ………………… (120)
图 5.20　集尘器爆炸泄放(由菲克公司提供) …………………………… (121)
图 5.21　塞韦索反应器(改编自罗恩·威利的实物演示) …………… (122)
图 5.22　T2 爆炸前后的实验室现场(参考文献 5.28) ………………… (123)
图 5.23　T2 实验室爆炸(参考文献 5.28) ……………………………… (123)
图 5.24　爆炸后 3in 厚反应器的一部分(参考文献 5.28) …………… (123)
图 5.25　加热炉损坏(例 1) ……………………………………………… (126)
图 5.26　诺瓦化工厂的加热炉和邻近的塔(例 2) …………………… (126)
图 5.27　爆炸前的邦斯菲尔德油库(参考文献 5.32) ………………… (128)
图 5.28　爆炸后的邦斯菲尔德油库(参考文献 5.32) ………………… (129)
图 5.29　波士顿油罐倒塌前后 …………………………………………… (129)
图 5.30　面板管道连接(1)及“Chemfos 700”“Liq Add”管道连接(2) …… (130)
图 5.31　一氧化氮和二氧化氮的云 ……………………………………… (130)
图 5.32　真空事故坍塌水箱 ……………………………………………… (131)
图 5.33　UST 泄漏检测方法示意图(参考文献 5.36,图片来源:EPA) … (131)
图 5.34　覆土式地下储罐(图片来源:BNH) …………………………… (132)

图 5.35　外浮顶(a)和内浮顶(b)油罐示意图(图片来源：
petroplaza.com) …………………………………………………… (132)
图 5.36　压力储气罐 …………………………………………………… (133)
图 5.37　炼油厂流程图(参考文献 5.43) …………………………… (135)
图 5.38　常压分馏工艺流程图(图片来源：OSHA) ………………… (138)
图 5.39　加氢处理装置工艺流程图 ………………………………… (140)
图 5.40　流化催化裂化(FCC)工艺流程图(参考文献 5.41) ……… (141)
图 5.41　CCR 重整装置工艺流程图(参考文献 5.43) …………… (142)
图 5.42　氢氟酸烷基化工艺流程图(参考文献 5.46) …………… (142)
图 5.43　延迟焦化装置工艺流程图(参考文献 5.43) …………… (144)
图 5.44　聚合物收集罐(参考文献 5.50) ………………………… (146)
图 7.1　阀杆上的铅封(在必要紧急情况下该密封可以被破坏，
改变阀门状态) ……………………………………………………… (174)
图 E.1　化学反应性危害分析的初步筛选流程图 ………………… (197)

缩 略 语

ACC ——American Chemistry Council 美国化学理事会
AIChE ——American Institute of Chemical Engineers 美国化学工程师协会
API ——American Petroleum Institute 美国石油学会
ASME ——American Society of Mechanical Engineers 美国机械工程师学会
BLEVE ——Boiling Liquid Expanding Vapor Explosion 沸腾液体扩展蒸气爆炸
BMS ——Burner Management System 燃烧炉管理系统
CEI ——Chemical Exposure Index(Dow Chemical)化学爆炸指数
CFR ——Code of Federal Registry 美国联邦法规法典
CMA ——Chemical Manufacturers Association 化学品制造商协会
CSB ——US Chemical Safety and Hazard Investigation Board 美国化学品安全和危害调查委员会
CCPS ——Center for Chemical Process Safety 化工过程安全中心
CCR ——Continuous Catalyst Regeneration 催化剂连续再生
COO ——Conduct of Operations 操作守则
CPI ——Chemical Process Industries 化工过程工业
DCU ——Delayed Coker Unit 延迟焦化装置
DDT ——Deflagration to Detonation Transition 爆燃转变成爆轰
DIERS ——Design Institute for Emergency Relief Systems 紧急泄放系统研究所
ERS ——Emergency Relief System 紧急泄放系统
EPA ——US Environmental Protection Agency 美国环境保护署
FCCU ——Fluidized Catalytic Cracking Unit 流化催化裂化装置
F&EI ——Fire and Explosion Index(Dow Chemical)道化学火灾和爆炸指数
FMEA ——Failure Modes and Effect Analysis 失效模式及影响分析
HAZMAT ——Hazardous Materials 危害物料
HAZOP ——Hazard and Operability Study 危险与可操作性研究
HIRA ——Hazard Identification and Risk Analysis 危害识别与风险分析
HTHA ——High Temperature Hydrogen Attack 高温氢腐蚀

HSE ——Health & Safety Executive(UK)健康与安全执行局(英国)
I&E ——Instrument and Electrical 仪表和电气
IDLH ——Immediately Dangerous to Life and Health 对生命和健康产生直接危害
ISD ——Inherently Safer Design 本质更安全设计
ISO ——International Organization for Standardization 国际标准化组织
ISOM ——Isomerization Unit 异构化装置
ITPM ——Inspection Testing and Preventive Maintenance 检查测试和预防性维护
LFL ——Lower Flammable Limit 燃烧下限
LNG ——Liquefied Natural Gas 液化天然气
LOPA ——Layer of Protection Analysis 保护层分析
LOTO ——Lock Out Tag Out 上锁挂牌
LPG ——Liquefied Petroleum Gas 液化石油气
MAWP ——Maximum Allowable Working Pressure 最大允许工作压力
MCC ——Motor Control Center 动力控制中心
MIE ——Minimum Ignition Energy 最小点火能量
MOC ——Management of Change 变更管理
MOOC ——Management of Organizational Change 组织变更管理
MSDS ——Material Safety Data Sheet 物料安全数据表
NASA ——National Aeronautics and Space Administration 美国国家航空航天局
NDT ——Non Destructive Testing 无损检测
NFPA ——National Fire Protection Association 美国消防协会
OCM ——Organizational Change Management 组织变更管理
OIMS ——Operational Integrity Management System(ExxonMobil)运营完整性管理系统(埃克森美孚)
OSHA ——US Occupational Safety and Health Administration 美国职业安全与健康管理局
PHA ——Process Hazard Analysis 过程危害分析
PLC ——Programmable Logic Controller 可编程逻辑控制器
PRA ——Probabilistic Risk Assessment 概率风险评估
PRD ——Pressure Relief Device 压力泄放装置
PRV ——Pressure Relief Valve 安全阀
PSB ——Process Safety Beacon 过程安全警示灯

PSE ——Process Safety Event 过程安全事件

PSI ——Process Safety Information 过程安全信息

PSI ——Process Safety Incident 过程安全事故/事件

PSM ——Process Safety Management 过程安全管理

PSO ——Process Safety Officer 过程安全员

PSSR ——Pre-Startup Safety Review 启动前安全检查

QRA ——Quantitative Risk Analysis 定量风险评估

RBPS ——Risk Based Process Safety 基于风险的过程安全

RAGAGEP ——Recognized and Generally Accepted Good Engineering Practice 公认并广泛接受的良好工程实践

RMP ——Risk Management Plan 风险管理计划

SAChE ——Safety and Chemical Engineering Education 安全与化学工程教育

SCAI ——Safety Controls Alarms and Interlocks 安全控制报警和联锁

SHE ——Safety, Health and Environmental(sometimes written as EHS or HSE)安全,健康和环境(有时写为 EHS 或 HSE)

SHIB ——Safety Hazard Information Bulletin 安全危害信息公告

SIS ——Safety Instrumented Systems 安全仪表系统

SME ——Subject Matter Expert 行业专家

TQ ——Threshold Quantity 临界值(阈值)

UFL ——Upper Flammable Limit 燃烧上限

UK ——United Kingdom 英国

US ——United States 美国

UST ——Underground Storage Tank 地下储罐

术　　语

设备完好性：过程安全管理(PSM)方案中一个涉及工作活动的要素，保障设备设计合理、安装规范，并在其生命周期内保持适用功能，也称为设备完好性和可靠性。

常压储罐：设计运行压力在大气压力和0.5psig(3.45kPa表压)之间的储罐。

沸腾液体扩展蒸气爆炸(BLEVE)：一种快速相变，在该相变中，将液体在高于常压沸点的温度下储存并迅速减压，导致液体几乎瞬间转变成蒸气，并释放相应能量。由于BLEVE现象通常由外部火焰作用在压力容器的油气空间导致，因此易燃物料的BLEVE往往伴随着巨大的气溶胶火球。但是，非易燃液体也会发生BLEVE现象。

检查表分析法：一种危险评估程序，利用一个或多个预先编制的工艺安全检查清单，引导团队讨论现有安全防护措施是否足够。

化工过程工业：此短语被广泛地用于制造、处理和使用化学品的设施。

可燃粉尘：所有直径小于等于420μm(通过美国40号标准筛)，且在空气或其他气态氧化剂中散布和点燃时会具有火灾或爆炸危险的细颗粒固体物料。

操作守则：在管理系统中体现组织的价值观和原则，这些管理系统的开发、实施和维护旨在(1)以符合组织风险承受能力为原则计划操作任务，(2)确保每项任务都被认真、正确地执行，(3)最小化(过程安全)绩效的改变。

爆炸：引起压力不连续或冲击波的能量释放。

故障模式与影响分析：一种危害识别技术，依次考量系统组件或系统特征的所有已知故障模式，并记录非期望结果。

易燃液体：按照闭口NFPA 30试验程序测定，闪点低于100℉(37.8℃)；按照ASTM D 323《石油产品蒸气压力标准试验方法》(REID方法)测定，在100℉(37.8℃)下饱和蒸气压力的不超过40psia(2068.6mmHg)的所有液体。ⅠA类液体包括闪点低于73℉(22.8℃)且沸点低于100℉(37.8℃)的液体；ⅠB类液体包括闪点低于73℉(22.8℃)且沸点不低于100℉(37.8℃)的液体；ⅠC类液体包括闪点大于等于73℉(22.8℃)，但低于100℉(37.8℃)的液体(NFPA30)。

危害分析：识别导致危害发生的非期望事件，分析非期望事件可能发生的机制并评估其后果。

危险与可操作性研究(HAZOP)：一种系统定性技术，利用一系列引导词研究工艺偏差，识别过工艺危险和潜在操作性问题。HAZOP 被用于检验工艺过程的每个环节，查找与设计意图背离的偏离及导致偏离的原因和偏离发生的后果。该过程通过应用适当的引导词系统完成。这是一种系统的、详细的审查技术，适用于批次和连续生产装置的新工艺或现有工艺的危害识别。

危害识别：在事故发生时，库存物料、系统、工艺和设备特性产生的非期待后果。

危害识别与风险分析(HIRA)：一个集合性名词，包括在设施的整个生命周期内，识别其危害和评估风险的所有活动，以确保对员工、公众或环境的风险始终控制在组织可承受范围内。

热作业：所有使用火焰或产生火花的操作(如焊接)。

事故：导致一个或多个不良后果的事件或一系列事件，例如对人员的伤害，对环境的破坏或资产/业务的损失。这些事件包括火灾、爆炸、有毒物质或其他有害物质释放等。

事件调查：一套系统的方法，包括确定事故原因、提出帮助预防事故发生或缓解事故后果的改进建议。可参见根本原因分析和表观原因分析。

联锁：由超出限值的工艺条件引起的保护性响应。保障某部分工艺过程在另一部分工艺过程正常工作的情况下才能工作的仪表；当存在特定危害时，能防止设备运行的装置(如开关)；以物理稳固连接的方式将两个部分连接在一起；能够检定所需条件的物理状态并能向主安全控制回路反馈证据的装置。

保护层分析(LOPA)：一种一次分析一个事故场景(原因-后果)的方法，使用预定义的初始事件频率值、独立保护层失效概率和后果严重性，将场景评估风险与风险标准进行对比，以确定是否需要增加降低风险的措施或进行更详细的分析。其他的场景通常使用基于情景的危害评估程序，例如 HAZOP 研究。

上锁/挂牌：一种安全作业规程。在这种实践中，将能量源通过一个锁定机构与工艺的一部分完全隔离并挂上醒目的标牌，以保障维修和某些操作任务期间工人的安全。

变更管理(MOC)：在实施前对设备、程序、原材料和工艺条件的所有改变进行识别、审查和批准的系统，但“同等替换”除外。

管理系统：正式建立的一系列活动，旨在以一致的方式产生可持续的特定结果。

机械完整性：一套管理系统，旨在确保设备的设计、安装和维护能够达到所需的功能。

未遂事件：如果条件不同或继续发展，可能造成伤害或损失的意外事件序列，但实际上没有发生。

操作程序：设备操作分步说明和必要信息，以书面形式汇编在一份文件中，包括操作说明、工艺说明、操作范围、化学危害和安全设备要求。

操作纪律(OD)：每次都能正确执行所有任务；良好的操作纪律(OD)使得每次都能以正确的方式执行任务。个人通过操作纪律(OD)证明他们对过程安全的承诺。操作纪律(OD)涉及所有人员的日常活动。OD是组织内的个人对COO系统的践行。

开车准备：过程安全管理(PSM)方案的一个要素，确保一个工艺可以进行启动/重新启动。此要素适用于各种重启情况：从短暂停机维护后的重启到封存多年的工艺重启都适用。

组织变更：组织内职位或职责的变更，或影响过程安全的组织政策或程序的变更。

组织变更管理(OCM)：一种审查公司(或其单位)结构或组织拟议变更的方法，用来判定这些变更是否可能对员工或承包商的健康和安全与对环境或周围民众构成威胁。

OSHA过程安全管理(OSHA PSM)：一项美国监管标准，要求使用14要素管理系统，来杜绝或减轻法规49 CFR 1910.119所涵盖的工艺中涉及的化学品或能量发生灾难性泄漏导致的影响。

安全阀(PRV)：一种泄压装置，在恢复正常工况后重新闭合并防止流体继续泄放。

安全阀(PSV)：见安全阀。

启动前安全检查(PSSR)：在将一种高危化学物质引入某一工艺之前，对该工艺进行系统而彻底的检查。PSSR须确认以下内容：施工和设备符合设计规范；安全、操作、维护和应急程序到位且足够；对新的设施进行了过程危害分析且建议项在启动前已经解决或实施，对已有设施的变更满足变更管理要求；已完成对每个参与流程操作的员工的培训。

预防性维护：通过建立固定的例行检查和维修时间表，减少计划外停机频率和严重性的维护。

概率风险评估(PRA)：核工业常用术语，指利用概率论对风险进行定量评估。

过程危害分析(PHA)：系统地识别和评估与工艺和操作相关的危害，以实现危害控制。该审查通常伴随着定性技术的应用，用来判定和评估危险的影响，得出结论并提出适当的建议。有些时候，定量方法还用于帮助划分降低风险的优先顺序。

过程知识管理：过程安全管理(PSM)方案的一个元素，包括收集、组织、维护工作以及向其他PSM要素提供信息。过程安全知识主要包括以下书面文件：

危害信息、工艺技术信息和设备特定信息。过程安全知识是该 PSM 元素的产物。

过程安全文化：在工厂各级组织或更广泛的组织内影响过程安全的共同的价值观、行为和规范合集。

过程安全事故/事件：潜在的灾难性事件，比如危害物料泄漏/控制失效的事件，可能会造成大面积的健康和环境损害后果。

过程安全信息(PSI)：化学品、工艺和设备的相关物理、化学和毒性信息。用于记录过程的机制，其特征、限值因素可以作为过程危害分析的数据。

过程安全管理(PSM)：一套管理系统，主要用于预防、准备、缓解、响应以及恢复设施工艺过程的化学品或能量灾难性释放。

过程安全管理系统：一套全面的政策、程序和实践，旨在确保突发事件的屏障到位、并且在使用中有效。

活性化学品：具有以下化学反应危害的物质：在不需要点火源的情况下，在空气中易氧化(自燃或形成过氧化物)；与其他物质(氧化剂)相遇会引发或促进燃烧；遇水发生反应或自反应(聚合、分解或重排)。反应的发生可以是自发的，也可以是由于热能或机械能等能量输入，或通过催化作用提高反应速率。

公认并被广泛接受的良好工程实践(RAGAGEP)：OSHA 创造的词汇，源于在涉及、运行和维护化学设施时，为了保障安全，预防过程安全事件，选择应用适当的工程学、运行和维护知识。

它涉及所有通过对适用内部和外部标准、适用规范、技术报告、指南以及其他推荐惯例或类似性质的文件的评估和分析，得出工程知识和行业经验，运用这些知识和经验进行的工程、运行或维护行为实践。RAGAGEP 可从一个或多个来源获得，并且会根据每个设施的流程、材料、服务和其他工程考量因素的不同而有所不同。

责任性关怀：化学品制造商协会(CMA)于 1988 年实施的一项倡议，旨在从道德层面引导化工公司，通过遵守十项关键原则，更多地造福社会、经济和环境。

风险管理计划(RMP)条例：EPA 的事故性释放预防准则，它要求相关设施制定、提交和实施风险管理计划。

基于风险的过程安全(RBPS)：化工过程安全中心(CCPS)过程安全管理(PSM)系统方法，采用与基于风险的过程安全活动需求、可用资源需求以及现有过程安全文化需求相匹配的基于风险的战略和实施策略，设计、改进和提升过程安全管理活动。

安全仪表系统：保障工艺安全运行的仪表、控制装置和联锁装置。

蒸气云爆炸：由可燃蒸气、气体或水汽形成的“云”点燃引起的爆炸，在这种爆炸中，火焰速度被加速到足够高，产生显著超压。

致　谢

美国化学工程师协会(AIChE)和化工过程安全中心(CCPS)对“面向本科生和工程师的过程安全导论”的项目组成员及其CCPS成员公司在本书编写过程中的慷慨支持和技术贡献表示赞赏和感谢。

项目组成员：

唐·亚伯拉罕森	CCPS——荣休职员
伊克拉尔·阿泰	新泽西 DEP
布鲁克·卡勒托	里昂德巴塞尔(休斯顿炼油厂)
丹·克罗尔	密歇根理工大学
杰里·福里斯特	塞拉尼斯——项目主席
罗伯特·福里斯特	特拉华大学
杰夫·福克斯	道康宁公司
米克尔·摩尔	北美巴克曼
阿尔伯特·尼斯	CCPS——过程安全作家
埃里克·彼得森	MMI 工程公司
罗宾·皮特布拉多	DNV GL
丹·斯利瓦	CCPS——员工顾问
罗宾·史密斯	西门子咨询公司
斯科特·华莱士	奥林公司

项目组成员的集体行业经验和专业知识使本书对开发和管理过程安全项目和管理系统的工程师特别有价值，包括识别创建和维护这些系统所需的能力。

图书委员会谨向 Albert Ness、CCPS 和 AIChE 的 Arthur Baulch 表示感谢，感谢他们为准备这本书的出版所做的贡献。

在出版之前，所有CCPS书籍都要经过彻底的同行评审过程。CCPS感谢同行审稿人周到的意见和建议。他们的工作提高了这些准则的准确性和清晰度。

同行评审员：

约翰·奥尔德曼	危害与风险分析有限责任公司
丹·克罗尔	密歇根理工大学化学工程系教授(已退休)
克里 M·杜利博士	路易斯安那州立大学巴斯夫化学工程教授
约翰·赫伯	CCPS 员工顾问

格雷·格豪塞尔	CCPS 员工顾问
罗伯特 W·约翰逊	Unwin 公司总裁
杰瑞·琼斯	CCPS 员工顾问
迈克尔 L·拉方德	铁杉半导体/道康宁公司工程师
罗伯特 J·洛夫莱特	特拉华大学化学工程专业的在读学生
约翰·墨菲	CCPS 的技术顾问
爱洛伊斯·罗氏	陶氏化学
罗伯特·罗森	RRS 工程有限公司
查德·谢弗	特拉华大学化学工程专业的在读学生
史蒂夫·塞尔克	美国国土安全部
克里斯·塔戈	卡梅隆国际 HES 副总裁
布鲁斯·沃恩	贝克风险公司首席顾问
罗恩·威利	东北大学化学工程系教授
约翰·宗德洛	西弗吉尼亚大学化学工程系教授
刘义	CCPS——中国部分

尽管同行审稿人为这本书提供了许多建设性的意见与建议，但没有要求他们认可这本书，也没有在出版前向他们展示最终的手稿。

前　言

化工过程安全中心(CCPS)是由 AIChE 在墨西哥城(墨西哥)和印度博帕尔的化学灾难后，于 1985 年创建的。CCPS 被特许开发和传播用于预防重大化学事故的技术信息。该中心得到了 180 多家化工过程工业(CPI)赞助商的支持，它们为其技术委员会提供必要的资金和专业指导。CCPS 的主要产品是一系列指南方针，用以帮助实施过程安全和风险管理系统的各个要素。这本书是这个系列的一部分。

50 多年来，AIChE 一直密切关注化工及相关行业的过程安全和损失控制问题。通过与工艺设计人员、施工人员、操作人员、安全专业人员和学术界成员的紧密联系，AIChE 加强了他们之间的沟通并促进了行业高安全标准的持续改进。AIChE 出版物和专题讨论会已成为致力于过程安全和环境保护的人们的信息资源。

将过程安全整合到工程课程中是 CCPS 的一个持续目标。为此，CCPS 成立了安全与化学工程教育(SAChE)委员会，负责开发过程安全培训模块。虽然已经有教科书涵盖了为学生提供过程安全技术方面的内容，但是，没有一本教科书涵盖过程安全管理的概念并满足学生对过程安全的需要。因此，CCPS 技术指导委员会发起了这本书的创作，以帮助学院和大学应对这一挑战，并帮助化学工程专业满足将过程安全纳入化学工程课程的最新认证要求。

1 引言

1.1 本书的目的

本书可用作独立过程安全课程的参考材料或现有课程的支撑材料，而非技术书籍，其目的是让刚接触过程安全的学生或工程师熟悉以下内容：

- 过程安全管理(PSM)的概念；
- 化工过程安全中心(CCPS)定义的20个过程安全要素；
- 由重大过程安全事件案例得到的过程安全需求；
- 其他工程专业的过程安全任务；
- 某些特定单元操作的过程安全问题；
- 展示过程安全的各个方面如何与现有化学工程课程的直接联系；
- 描述新工程师在工作的最初几年中，在过程安全方面可以预期的一些任务。

1.2 读者对象

本书的主要读者是化学工程专业初级至研究生的学生，以及那些刚进入过程安全领域的从业者和工程师。由于本书没有特定技术先决条件，因此也可供类似级别的其他工程专业使用。

1.3 过程安全定义

在化工、石化和其他大多数行业，你会发现所有公司都需要有一个职业安全计划，其重点是保障人身安全(该程序可能是许多国家、州和地方的法规所要求的，适用于制造工厂、研究实验室或试验工厂的工人，以及办公室人员)。职业安全计划的关注重点是防止工作场所事故对工人造成伤害，如摔倒、割伤、扭伤和拉伤、被物体撞击、重复运动伤害等。职业安全计划十分有效且非常必要，但其并不是*过程安全*的关键所在。

*过程安全*的定义为“一门专注预防化学过程设施发生火灾、爆炸和化学品意外泄漏的学科”。这类事件不仅发生在化工设施，也发生在炼油厂、海上钻井设施等。*过程安全*的另一个定义是“一门关注于预防、准备、缓解、响应或恢复设施工艺过程中的化学品或能量灾难性释放的学科”。

2005 年，英国石油公司(BP)在美国得克萨斯城的炼油厂发生爆炸，造成 15 人死亡，170 多人受伤。事故发生后，成立了一个独立委员会，审查 BP 炼油厂运营的过程安全思维模式或文化，该委员会被称为贝克小组。在提及过程安全时，贝克小组说道：“过程安全危害可能导致重大事故，包括潜在危险物质的泄漏、能量的释放(如火灾和爆炸)，或两者兼有。过程安全事件可能会造成灾难性后果以及大面积伤亡，并且造成严重的经济损失和环境破坏。炼油厂过程安全事件可能会影响炼油厂内的工人和附近居住的居民。炼油厂的过程安全包括对泄漏、溢出、设备故障、超压、超温、腐蚀、金属疲劳和其他类似状况的预防。过程安全计划侧重于设施的设计和工程规划、危害评估、变更管理、设备检查、测试和维护、有效的报警、有效的过程控制、程序、人员培训和人为因素。”(参考文献 1.1)

该段中的“炼油厂”一词可替换为“石油化工厂”“化学工艺设施”“固体处理设施”“水处理厂”“氨制冷工厂”“海上平台”，或任何处理或加工易燃、可燃、有毒或反应性物料的工厂。对于本书的其余部分，术语“过程设施”或“设施”将用于表示前面提到的设施以及处理或加工易燃、可燃、有毒或反应性物料的任何其他操作。

上述贝克报告引文说明过程安全不仅限于设施的运营阶段。在基础研究和工艺研究阶段，过程安全计划涵盖中试设施的运行。它们还包括为实现该过程设计意图而选择的化学品和单元操作。在设计和工程阶段，过程安全涉及选择使用何种类型的单元操作和设备、设施布局等。如上所述，运行设施涉及“危害评估、变更管理、设备检查、测试和维护、有效报警、有效过程控制、程序和人员培训”。在研究和开发以及试验工作期间对过程(流程)特征的选择可以使这些活动更容易或更困难。

1.4 本书的结构

第 2 章简要介绍了过程安全和过程安全管理的历史。对 CCPS 最初开发的 12 个过程安全管理要素、美国职业安全与健康管理局(OSHA)PSM 法规的过程监管框架和当前 CCPS 基于风险的 20 个过程安全要素的发展进行了讨论。

第 3 章介绍了几个过程安全事件，证实了对良好的过程安全管理(PSM)系统的需求。该章节对每个事件进行了描述，然后列出了事件的相应 RBPS 元素。

第 4 章对几个工程专业的角色进行了界定，化学工程、机械工程、土木工程、仪表和电气(I&E)工程师以及安全工程师。PSM 包含多个学科之间的团队合作。

第 5 章的内容覆盖了一些关键的过程安全问题，涉及化工、生物化工和石油化工以及可能处理危险材料的某些单元操作和设备。在整个过程工业中这些单元操作的组合是多种多样的。在石油化工行业中有几种常规操作，本章对其中一些操作的过程安全问题进行了分析。此外，本章还引入了本质安全(IS)和本质更安全设计(ISD)的概念。ISD 专注于消除或减少过程中固有的危害，而不是试图管理危害。

第 6 章列出了安全与化学工程教育(SAChE)委员会通过 AIChE 提供的培训模块，并描述了这些课程及其与某些化学工程课程的相关性。本章可用于指导如何补充现有课程。

第 7 章描述了新工程师在过程工业的第一年到第二年可能需要承担的与过程安全相关的职责。为了使 PSM 系统运作良好，参与该过程的所有人员必须以审慎和有组织的方式履行其角色和职责，以实现高水平的人员绩效，这被称为操作守则。本章还描述了工程师在执行操作方面的许多任务以及工程师对操作员、维护人员和管理人员在其角色方面的期望。

1.5 参考文献

1.1 The Report of the BP U.S. Refineries Independent Safety Review Panel, January 2007. (http://www.bp.com/liveassets/bp_internet/globalbp/globalbp_uk_english/SP/STAGING/local_assets/assets/pdfs/Baker_panel_report.pdf).

2 过程安全基础

2.1 基于风险的过程安全

第 1 章介绍了*过程安全*的概念，本章将简要介绍*过程安全*的历史，阐述*管理系统*的概念以及*基于风险的过程安全*的概念，并对化工过程安全中心(CCPS) 2007 年提出的*基于风险的过程安全管理系统*要素进行介绍和说明。

过程安全的历史：长久以来，过程安全一直倍受过程工业组织的关注(以硝化甘油的生产为例，见附页)。这些组织最初对工艺过程的安全审查依赖于审查中人员的经验和专业知识。20 世纪中叶，更为正式的评审技术开始出现在过程工业中。其中包括 ICI 在 20 世纪 60 年代开发的危险与可操作性研究(HAZOP)、失效模式及影响分析(FMEA)、检查表和如果……怎么样审查，这些都是过程危害的定性评估技术。

定量分析技术：如核工业采用的故障树分析(FTA)、定量风险评估(QRA)以及保护层分析(LOPA)，在 20 世纪 70～90 年代也开始应用于过程工业中。建模技术被开发用于分析溢出和泄漏、爆炸和毒性暴露的后果。紧急泄放系统设计研究所(DIERS)于 1976 年在 AIChE 内成立，旨在开发设计紧急泄放系统的方法，以应对失控反应。到 20 世纪 70 年代中后期，过程安全成为一门公认的技术专业。美国化学工程师协会(AIChE)于 1979 年成立了安全与健康部。

1976 年，意大利塞维索附近发生了一场失控反应，2,3,7,8-四氯二苯并对二噁英(通常称为二噁英)释放至居民区。二噁英是一种有毒化学物质，导致许多人患上了一种叫作氯痤疮的皮肤病，并且导致 17km^2(6.6mile^2)的土地无法居住。这一事件最终导致了 1982 年欧洲经济共同体对过程工业实施了更严格的监管措施，即所谓的“塞维索指令”。

硝化甘油：硝化甘油生产过程的变迁很好地展示了过程安全的演变。1864 年，阿尔弗雷德·诺贝尔开始制造硝化甘油。该工艺是将发烟硝酸和硫酸加入甘油中，同时保持温度在 20~25℃(68~77℉)左右。控制温度对过程安全至关重要。图 2.1 是早期硝化甘油生产过程的图片，操作员负责观察温度，温度过高时停止反应器进料。请注意，他坐在一个单腿凳上。理由是，如果他睡着了(每天看 8~10h 的温度指示器并不是件有趣的事情)，他就会摔倒并醒来。另外请注意，反应器尺寸很大，这意味着若在一个地方积聚着大量的硝化甘油并引发爆炸，那么损害将是相当大的。这类爆炸并不罕见，阿尔弗雷德·诺贝尔的兄弟就是在这样的爆炸中丧生的。

图 2.1　19 世纪硝化甘油反应器图片

注："阿尔弗雷德·诺贝尔在苏格兰"，2015 年 9 月 15 日。

(http://www.nobelprize.org/alfred_nobel/biographical/articles/dolan)

由于发生了大量的爆炸事故，因此一些地方禁止使用硝化甘油，这种形式的硝化甘油被称为炸药。阿尔弗雷德·诺贝尔的重大突破是发现当与惰性载体混合时，操作起来会更安全。

制造硝化甘油的生产工艺从原始大型间歇式反应器发展为本质上更安全的小型连续反应器(见图 2.2)，其尺寸远小于原反应器。因为其散热能力更强(注意图 2.2 中的反应器冷却盘管)，而且较小反应器的混合强度更高，所以这使得反应更容易控制。如果发生爆炸，它还能降低损失的程度。自动控制意味着不再需要有人一直站在反应器前面了。

图 2.2　硝化甘油连续反应器

1984 年是化学工业的决定性时期。印度博帕尔的一家化工厂发生甲基异氰酸酯(一种有毒的易燃物质)泄漏事件，导致超过 3000 人死亡(该事件将在第 3.15 节中详细介绍。)。化工厂本身最初设计得很好，并且有很多防范此类事件的保护措施。然而，这些设施没有得到维护，并且在事件发生时没有发挥作用。博帕尔事件让我们明白，仅依靠技术专业知识是不够的，危险或风险管理与过程安全的技术方面同样重要。博帕尔事件促使了 1985 年化工过程安全中心(CCPS)的成立。CCPS 是一个非盈利组织，隶属美国化学工程师协会，其使命是提高工业过程安全。

过程安全管理：*管理系统*是正式建立并形成文件的一整套活动和程序，旨在以一致的方式在可持续的基础上产生特定的结果。因此，过程安全管理(PSM)是一种管理系统，其重点是预防、部署、缓解、响应或恢复与设施相关过程中的化学物质或能量的释放。在本书中，PSM 指的是 CCPS 使用的基于风险的过程安全管理系统，而不是 OSHA PSM 系统(如下所述)。

1985 年，化学品制造商协会(CMA)，即后来的美国化学理事会(ACC)，发布了 PSM 指南(参考文献 2.1)；1989 年，CCPS 提出了 12 个过程安全管理要素(参考文献 2.2)；1990 年，美国石油学会(API)也发布了 PSM 指南(参考文献 2.3)。CCPS 研究了当时的各种方法，并从与其成员公司和在评估管理系统方面具有丰富经验的传统业务流程咨询公司的互动中收集了 12 个特征。这些指南是第一代用于设计和评估过程安全管理系统的通用原则。

1992 年，美国职业安全与健康管理局(OSHA)发布了《高危险化学品的过程安全管理(OSHA PSM)法规》，该法规发布了一套过程安全管理要素，内容与前述各指南类似。美国环境保护署(EPA)于 1995 年根据《清洁空气法》的授权发布了自己的版本。因为该法规要求根据法规定义和要求制定和提交风险计划，所以该法规通常被称为 RMP 或风险管理计划。

OSHA PSM 法规涵盖了危害对厂内工人的影响，EPA RMP 涵盖了厂外危害的影响。这两项法规的适用条件均是特定化学品(通常称为高度危险化学品)超过规定数量[通常称为阈值数量(TQ)]或某一位置超过 10000lbs 的易燃材料。从这个意义上讲，CCPS 定义的 PSM 比 OSHA PSM 和 EPA RMP 要广泛得多。

在许多公司中，过程安全实践和正式的安全管理系统已经实施多年。PSM 因其能降低重大事故风险和提高过程安全性能而在过程工业中受到广泛赞誉。然而，许多组织还面临着管理系统不完善、资源压力和过程安全结果停滞不前的挑战。为了促进整个过程工业的 PSM 卓越性和持续改进，CCPS 创建了*基于风险的过程安全*(RBPS)作为下一代过程安全管理的框架(参考文献 2.4)。RBPS 元素以及相应的 OSHA PSM/EPA RMP 元素如表 2.1 所示。

表 2.1 RBPS 要素与 OSHA PSM 要素对比

CCPS RBPS 要素	*OSHA PSM/EPA RMP 要素*
过程安全承诺	
1. 过程安全文化	
2. 标准符合性	过程安全信息
3. 过程安全能力	
4. 员工参与	员工参与
5. 与利益相关者沟通	与利益相关者沟通(EPA RMP)
理解危害和风险	
6. 过程知识管理	过程安全信息
7. 危害识别与风险分析	过程危害分析
风险管理	
8. 操作程序	操作程序
9. 安全作业规程	操作程序 热工作业许可
10. 设备完好性及可靠性	机械完整性
11. 承包商管理	承包商
12. 培训及绩效保证	培训
13. 变更管理	变更管理

续表

CCPS RBPS 要素	*OSHA PSM/EPA RMP 要素*
14. 开车准备	启动前安全检查
15. 操作守则	
16. 应急管理	应急计划和响应
从经验中学习	
17. 事件调查	事件调查
18. 衡量及指标	
19. 审核	符合性审核
20. 管理评审与持续改进	

风险：要讨论基于风险的过程安全计划，必须了解风险的概念。例如 Mirriam-Webster 在线词典，风险的典型字典定义是“损失或受伤的可能性”或“造成或隐含危害的某人或某事”。CCPS 对风险的定义包含三个要素：危险(可能出现什么问题)、严重程度(有多糟糕)和可能性(多久发生一次)。因此，在过程工业中，想要了解与活动相关的风险需要回答以下问题：

1. 会出什么问题？(人身伤害，环境损害或经济损失)
2. 这有多糟糕？(损失或伤害的程度)
3. 多久发生一次？(损失或受伤的可能性)

图 2.3 对此进行了说明。会出什么问题呢？小鸭子会从格栅里掉下去。这有多糟糕？它们中的一个或多个可能会掉下去并丢失。这种情况多久发生一次？在这种情况下，考虑到小鸭子的大小，每次它们试图穿越格栅时都可能发生这种情况。

图 2.3　风险说明

并非所有流程都具有相同的风险，了解风险有助于公司决定如何设计其过程安全管理活动。

资源是有限的(金钱和人力)。在设计和运营设施时，你可以从广泛的选项中进行选择，确定将严格的技术要求纳入组织的过程安全管理活动中(最低要求是遵守当地和联邦法规)。换句话说，低风险的工艺过程不需要与高风险工艺过程具有同样严格要求的过程安全要素。**对过程安全的承诺**是过程安全卓越的基石。没有强有力的领导和坚实的管理承诺，组织通常不会得到改善。

对于过程安全，管理层需要认识到过程安全与人身安全不同，其范畴超越了个人安全计划。你可以通过观察公司管理层的实际行动来确认其是否致力于过程安全。

理解危害和风险的组织能够更好地以最有效的方式分配有限的资源。工业经验表明，利用危害和风险信息来规划，开发和部署稳定、低风险工作的企业更有可能获得长期成功。

风险管理主要关注以下四个问题：(1)谨慎地操作和维护构成风险的工艺过程；(2)对这些工艺过程进行变更管理，以确保风险保持在可接受范围内；(3)保持设备的完整性并确保材料、制造和维修的质量；(4)准备、响应和管理(潜在)发生的事件。管理风险有助于公司或设施部署管理系统，以帮助维持长期、无事故和盈利的运营。

从经验中学习包括对内部和外部信息来源进行监控并采取行动。即使公司做出了最大努力，也不能保障运营总是按照计划进行，事故和未遂事故时有发生。*未遂事故*是指如果情况略有不同，就可能会发生事故(财产损失、环境影响或人员伤害)或运营中断。组织必须准备好将它们和其他人的错误转化为改进过程安全工作的机会。

以下部分将对20个要素进行更详细的描述。对于新的工程师或新的过程安全人员来说，虽然所有要素都会对他们产生影响，但显然有一些要素会对他们产生更直接的影响。例如，在进入行业最初几年里，他们可能根本不会参与与利益相关者的沟通工作，而了解影响相关工艺和岗位的规范和标准则是工作的重要部分。尽管如此，组织在与利益相关方沟通方面所做的努力可能会直接影响它们在当地开展过程安全工作的方式。

支柱：过程安全承诺

过程安全承诺支柱包含五个要素：

- 过程安全文化(第2.2节)；
- 标准符合性(第2.3节)；
- 过程安全能力(第2.4节)；
- 员工参与(第2.5节)；
- 与利益相关者沟通(第2.6节)。

2.2 过程安全文化

案例分析：1986年1月28日，挑战者号航天飞机从肯尼迪航天中心起飞73s

后爆炸，机上七名宇航员全部遇难(图2.4)。右侧固体火箭助推器中的现场装配接头发生故障，泄漏的可燃气体形成炽热的火焰，进一步破坏了航天飞机外部燃料箱组件中的液态氢容器。随后不久，相应液氧容器失效，由此产生的灾难性爆炸摧毁了航天飞机。

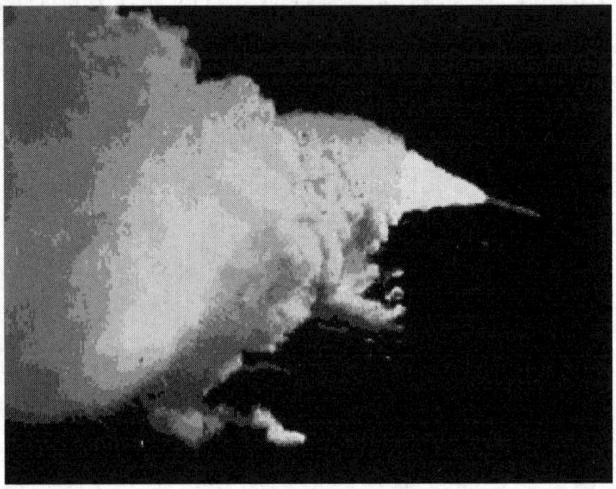

图2.4　挑战者号灾难(NASA提供)

总统委员会随后进行调查，结果显示，美国国家航空航天局(NASA)的安全文化存在重大缺陷，促使了此次灾难的发生。这些缺陷包括：(1)对生产压力掩盖安全问题状态的容忍——强调保持激进的发射计划；(2)逐渐形成了在发射后检查确定现场接头损害程度的工作流程，尽管这违反了设计规范和既定的安全要求；(3)基于过去的成功而形成的“一定能行”的态度，限制了NASA的危机感；(4)等级分明的组织结构和态度限制了信息的自由交换(特别是不同的意见)，降低了对NASA组织或承包商组织中级别较低的技术专家的信任度。

概述：过程安全文化被定义为“决定过程安全管理方式的群体价值观和行为的组合”(参考文献2.2)。更简洁的定义包括：“我们在这里是怎么做事的”“我们在这里期待什么”和“当没人注意时我们会怎么做”。对灾难性事件的调查确定了常见的过程安全文化弱点，这些弱点往往也是导致其他严重事件的因素。虽然挑战者号爆炸的例子不是来自化工或石化行业，但它说明了过程安全文化的重要性，并说明了过程安全管理系统可以应用于其他工作。

以下特性有助于企业实现良好的过程安全文化。

保持脆弱感：组织对过程危害及其潜在后果保持高度敏感，并对可能预示重大安全事件的系统缺陷迹象时刻保持警惕。

授权个人成功履行其安全职责：组织对安全相关责任进行明确授权和说明。

相应地为员工提供必要的权限和资源，使其能够成功履行所分配的角色。员工接受并履行其各自的过程安全责任，管理层期望并鼓励组织内的所有成员共享过程安全问题。

听从专业人士建议：组织高度重视个人和团体的培训和发展。基于人员的专业知识，而不是其级别或职位，将关键过程安全决策的权限自然地转移到适当的人员手中。

确保开放和有效的沟通：在组织内建立纵向和横向的健康沟通渠道。纵向垂直沟通是双向的——管理者不仅要说，还要听。横向沟通则确保所有员工都能够获取这些信息。组织强调及时观察和报告非标准状态，以便及时发现可能预示安全问题的微小信号。

创建一个提问/学习的环境：组织致力于提高风险意识和认识，以此作为持续改进过程安全的手段。提高的方式有很多，包括：

- 进行恰当和及时的风险评估；
- 及时、彻底地调查事故；
- 从工厂或企业外部寻求适用的经验教训；
- 酌情在整个组织分享和应用所学的经验教训。

组织认识到灾难性事件通常具有复杂的原因，因此在处理过程安全问题时避免使用过于简单的解决方案。例如，管道腐蚀引起的泄漏不会因为更换管道而停止。腐蚀速率是否过高？如果是，为什么？这是否意味着必须解决工艺问题？组织内类似工艺的工厂是否容易受到同样问题的影响？检查频率是否适合已知的腐蚀速率？如果不适合，为什么？

促进相互信任：员工相信管理者会做正确的事情促进过程安全，管理人员相信员工会履行责任并及时报告潜在的问题和疑虑。此外，人们还愿意接受他人评估或检查与影响过程安全风险的关键任务/活动相关的行为。

及时响应过程安全问题和关注点：首先要做到的是及时沟通以及及时响应从事件调查、审核、风险评估等方面获取的经验教训。及时解决实践和程序(或标准)之间的不匹配，以防止偏差正常化。组织强调及时报告和解决员工关注的问题。AIChE 关于“挑战者”案例历史的报告可在点击以下网址获取：

http://www.aiche.org/ccps/topics/elements-process-safety/commitment-process-safety/process-safety-culture/challenger-case-history.

2.3 标准符合性

案例分析：2003 年 2 月 20 日，一场粉尘爆炸和火灾毁坏了肯塔基州科尔宾的一家制造厂，造成七名工人死亡。该工厂为汽车行业生产玻璃纤维绝缘材料。调查人员发现，爆炸是由生产区积聚的树脂粉尘引起的，树脂粉尘可能是被故障烤箱的火焰所点燃。所涉及的树脂是一种用于生产玻璃纤维毡的酚醛黏合剂。调查还发现该公司没有完全了解可燃树脂粉尘的风险，并且没有遵循行业共识标准来防止可燃粉尘爆炸。这些技术列在众多行业标准和指南中(参考文献 2.5)。

概述： *标准系统*是一种识别、开发、获取、评估、传播和提供影响过程安全的适用标准、规范、法规和法律的系统。标准涉及内部和外部标准、国家和国际规范和标准、行业协会指南和实践，以及地方、州和联邦法规和法律。该系统使潜在用户可以轻松快速地访问这些信息。标准系统以某种方式与每个 RBPS 管理系统要素进行交互。了解和遵守标准有助于公司：(1)安全运营和维护设施；(2)始终如一地实施过程安全实践；(3)最大限度地减少法律责任。*标准体系*还构成了审核程序中用于确定管理体系合规性标准的基础。*标准体系*提供了一种沟通机制，用于向管理层和人员通报公司的义务和合规状态。

表 2.2 提供了本要素所涉及的过程安全义务类型的一些示例。这些规范、行业标准和推荐实践代表了对执行某些工程活动批准方式的共识。其中一些例子是关于容器设计和制造、检查、泄放阀尺寸和设施选址的。

表 2.2 过程安全相关标准、规范、法律法规示例及其来源

自发行业标准及共识准则
美国石油学会推荐实践(参考文献 2.6)； 美国化学委员会责任关怀管理体系及 RC 12001(参考文献 2.7)； ISO 12001——环境管理系统(参考文献 2.8)； OHSAS 18001——国际职业健康和安全管理体系(参考文献 2.9)； 经济合作与发展组织——化学品事故预防、准备和响应指导原则，2003(参考文献 2.10)； 美国国家标准协会(参考文献 2.11)； 美国机械工程师学会(参考文献 2.12)； 氯研究所(参考文献 2.13)； 仪器仪表、系统和自动化协会(参考文献 2.14)； 国家消防协会(参考文献 2.15)
美国联邦、州和地方法律法规
美国职业安全与健康管理局——过程安全管理标准(29 CFR 1910.119)(参考文献 2.16)； 美国职业安全与健康法案——一般责任条款，第 5(a)(1)部分(参考文献 2.17)； 美国环境保护署——风险管理程序规则(20 CFR 68)(参考文献 2.18)； 清洁空气法案——一般责任条款，第 112(r)(1)部分(参考文献 2.19)； 加州风险管理和预防方案(参考文献 2.20)

续表

美国联邦、州和地方法律法规
新泽西有毒灾难性事故预防法案(参考文献 2.21);
康特拉科斯塔县工业安全条例(参考文献 2.22);
特拉华州季度危险物质风险管理法案(参考文献 2.23);
内华达化学事故预防方案(参考文献 2.24)
国际法律法规
澳大利亚重大危险设施控制标准(参考文献 2.25);
加拿大环境保护局——环境应急规划，CEPA，1999(第 200 节)(参考文献 2.26);
欧洲委员会 Seveso Ⅱ指令(参考文献 2.27);
韩国 OSHA PSM 标准(参考文献 2.28);
马来西亚——马来西亚人力资源部职业安全与健康科(DOSH)，法案 512 第 16 章节(参考文献 2.29);
墨西哥综合安全和环境管理系统(SIASPA)(参考文献 2.30);
英国 COMAH 健康和安全执行条例(参考文献 2.31)

注：此列表仅供参考，并不代表完整列表。

在美国，OSHA 和 EPA 使用这些规范作为公认和普遍接受的良好工程实践(RAGAGEP)的基础，并希望公司遵守这些规范。许多地方和其他国家的监管机构也是如此。附录 A 提供了一个公司可能选择用作 RAGAGEP 的规范列表。

企业可以采取不同的方式确保生产符合标准。有些企业可能会根据适用的共识规范和标准制定自己的内部标准，如表 2.2 所列。其他企业则可能依赖于行业专家(SME)审查项目是否符合规范，或者以某种方式将两者组合、或者完全采用另外一种方法。作为公司的新工程师，你必须了解贵公司如何确保生产符合标准。

2.4 过程安全能力

案例分析：1995 年 4 月 21 日，新泽西州洛迪市的一家特种化工厂内，一台含有亚硫酸氢钠、铝粉、碳酸钾和苯甲醛混合物的搅拌机爆炸，引发了一场大火。五名员工遇难，还有更多人受伤。工厂的大部分毁于火灾，附近的其他企业也遭到毁坏或严重破坏。该工厂的财产损失估计为 2000 万美元。EPA/OSHA 联合化学事件调查小组确定爆炸的直接原因是在混合操作过程中无意中将水和热引入了水反应性物质中(参考文献 2.32)。在一次卸载搅拌器内物料的紧急操作中，物料被点燃并发生爆燃。调查组判定事故的根本原因如下：

- 工艺危害分析不充分，未采取适当的预防措施；

- 标准操作程序和培训不足；
- 重新进入工厂并卸载搅拌机的决策所依据的信息不充分；
- 使用的搅拌机不适合混合的物料；
- 工厂与提供混合技术的公司之间沟通不充分，设备制造商不建议使用水反应性物料；
- 对消防队成员和紧急救援人员培训不足。

概述：*过程安全能力*的开发和维护包括三个相互关联的行动：(1)不断提高知识和能力；(2)确保需要的人可以获取适当的信息；(3)始终如一地应用所学知识。

过程安全能力比其他要素(例如是否遵循适用的法规)更加难以评估。应该注意新工程师和其他人是否获得培训机会、是否有机会应用他们的培训成果以及他们是否可以获得必要的过程安全信息。

2.5 员工参与

举例：在进行危害识别审查时，工程师被要求详细描述工艺过程的某一步骤或设备的某个部件是如何运作的——此时应该有一位经验丰富的操作员回答："你说的都很好，但是让我来给你讲一下，在星期天的凌晨3点究竟发生了什么。"

概述：组织中所有级别和所有岗位的人员都应该为加强和确保组织的运营安全承担职责、发挥作用。但是，一些工人可能没有意识到他们有在这方面作出贡献的机会。有些组织可能无法充分利用员工的全部专业知识，或者更糟糕的是，甚至可能会打击那些想要以(被组织视为)非传统角色的身份作出贡献的员工。*员工参与*要素会建立一个系统，使公司和其员工积极参与RBPS管理系统的设计、开发、实施和持续改进。

直接参与操作和维护的人员是最直接暴露于工艺过程危害的人员。*员工参与*要素为工人直接参与保护自身福利提供了一个公平的机制。此外，这些工人可能是最了解工艺运行和设备、设施维护的日常细节的人，并且可能是某些类型知识(来源于他们独一无二的经验)的唯一来源。员工参与为管理层提供了一种有效发掘这些宝贵的专业知识的机制。

在表2.1中，员工参与对应于OSHA PSM和EPA RMP法规中员工参与的要求。具体而言，要求在对既定工艺过程进行危害识别研究时，要有具有"拟评估工艺过程匹配的经验和知识"的人员在场。这是因为这些机构认识到了一位真正了解工艺流程的人员参与的必要性。有前瞻性的公司将扩大这一范围，让直接参与维护和运营的工人也加入审查中，并对他们真诚的投入加以鼓励。技术信息和其他过程安全信息的获取需要依赖工艺工程师、机械工程师、材料工程师等专业工程师；在评估对工艺过程的理解情况、程序的明确性和有效性时，则需要依赖操作工及维修技师；此外，要了解现场实际运行与管理层预期运行之间的差异时，也需要依赖操作工和维修技师。其他国家和地区也可能会有相应的对员工参与的监管要求。

这种积极主动的参与至少能证实两件正向的事情：正确的人参与审查，并且员工自上而下(包括操作工)都可以自由地提出坦诚的观点且不必担心会产生任何不利的后果。

2.6 与利益相关者沟通

举例：20 世纪 90 年代末期，按照美国环境保护署(EPA)的规定，处理可能对公众造成危害的危险物料的工厂需要与其社区进行风险沟通，以满足 EPA 的风险管理计划(RMP)的规定(参考文献 2.18)。在拥有大量工业基础的人口密集地区，许多公司就区域 RMP 交流事宜达成合作。在有些情况下，企业会制定长期的方案：(1)与利益相关团体建立联系；(2)了解其关注点和需求；(3)制定沟通/宣传计划；(4)按照计划开展活动；(5)跟进结果。其中在得克萨斯州休斯敦地区开展的活动，是最大规模的此类活动之一，在长达 4 年的时间内该地区有超过 120 家工厂协作开展了 RMP 宣传行动。这些活动有助于建立企业与社区、监管机构、当地应急响应机构以及非政府社会团体之间的联系。

总体来说，有效的利益相关者关系有利于过程安全和工厂运营。例如，1998 年，在加利福尼亚州，一家为半导体行业进行特种气体再包装的公司提交了工厂扩建许可申请。尽管遭到国家环保组织的反对，但该公司因为长期有效的外部沟通计划得到了当地的压倒性支持，成功获得了许可证。

概述：*与利益相关者沟通*是一个实现下列目标的过程：(1)找到可能受公司运营影响的个人或组织，使他们加入过程安全的对话中；(2)与社区组织、其他公司和专业团体以及地方、州和联邦当局建立联系；(3)提供公司以及工厂产品、工艺、计划、危害和风险等准确信息。这一过程可确保管理层向各种组织公开相关过程安全信息。该要素同时还鼓励企业与公司内部类似工厂以及与行业组织内的其他公司分享相关信息和经验教训。AIChE CCPS 的使命中，其中一个关键任务是提供公开讨论的媒介，分享应对不同过程安全装置的危害及失效的最佳举措和知识。最后，*外部沟通*要素要提高工厂在当地社区的参与度，促进工厂之间的信息交流以及对工厂可能影响社区的活动的交流。

支柱：理解危害和风险

理解危害和风险支柱包含两个要素：

- 过程知识管理(第 2.7 节)；
- 危害识别与风险分析(第 2.8 节)。

2.7 过程知识管理

案例研究：1999 年 2 月 19 日，美国宾夕法尼亚州理海郡发生了一起爆炸事故，造成 5 人死亡，14 人受伤，附近几栋建筑物受损(图 2.5)。这次爆炸在工厂首次工业规模生产羟胺期间发生。美国化学品安全和危害调查委员会(CSB)的调查报告指出(参考文献 2.32)：

图 2.5　羟胺爆炸事故中建筑受损和进料罐爆坑影像(图片源自 CSB)

“该事件证实了在整个危险化学品生产过程的开发、设计、施工和开车过程中，执行有效的过程安全管理和工程管理的必要性……‘过程知识及文件’和‘投资项目过程安全审核’方面的欠缺是造成这次事件的重要原因。”

调查报告进一步指出：

“在工艺设计期间，对过程安全信息的开发、理解和应用不充分，未能有效控制羟胺的爆炸性分解的危害程度。在中试装置运行期间，管理层就已经知道到当羟胺的质量浓度超过 70%时，具有火灾和爆炸的危险(正如化学品安全技术说明书中所写)。然而这些信息(知识)并未在工艺过程设计、操作程序、风险减低措施或工艺操作员防范手册内充分体现。根据设计，羟胺生产过程将羟胺溶液浓缩到 85%(质量分数)以上，明显高于化学品安全技术说明书中提及的具有爆炸危险的 70%(质量分数)。”

CSB 的调查员得出结论，过程知识的匮乏以及未能正确应用现有的过程知识直接导致了此次爆炸的发生。在第 3 章中将对此次事件进行详细讨论。

概述：对风险的理解离不开正确的过程知识。因此，此要素是整个基于风险的过程安全管理理念的基础，不能理解风险就不可能有效地应用 RBPS 方法。*过程知识*要素主要是指可以以文档形式记录的信息，例如：

- 书面的技术文件和说明书；
- 工程图纸和计算书；
- 工艺设备的设计、制造和安装技术说明书；
- 所选择的压力、温度、液位和浓度的安全操作范围；
- 其他的书面文件，如物料安全技术说明书(MSDSs)。

*过程知识*一词将作为以上这些信息的统称，*知识*要素所涉及的工作活动与特定的数据汇编、分类和使用有关，这些数据通常以纸质和电子形式记录。需要特别注意的是，*知识*要素隐含着对数据的理解，而不是简单的数据汇编。在这方面，*能力*要素可以作为*知识*要素的补充，因为它有助于确保用户能够正确理解作为本要素一部分而收集的信息。

过程知识的开发和归档从过程生命周期的最初开始，贯穿于整个过程生命周期。例如，早期在实验室进行的新材料开发、新材料表征和合成路线评价(包括失控反应可能性和固有危险)工作，通常会成为过程知识的一部分。在过程生命周期的设计、危害审核、施工、试车和运行阶段，需要持续不断进行此工作。许多工厂在进行风险分析和变更管理评审之前，特别重视过程知识的准确性和完整性审核。

过程知识在收集和分类后，通常以硬拷贝的形式保存在文件柜、图书馆中，或以电子文件和数据库的形式保存在计算机网络中。当你开始在某机构工作时，你应该去熟悉这些保管方式，了解过程知识是如何被保管的。

在表 2.1 中，过程知识管理对应的是美国职业安全与健康管理局 PSM 管理体系和美国环境保护署风险管理计划法规中的过程安全信息，此法规要求有书面的过程安全信息汇编。这些规定明确要求：所使用或生产的化学品存在的危害、工艺过程所采用的技术和设备均要形成书面信息。另外，地方当局和其他国家也可能对此有了类似的要求。

2.8 危害识别与风险分析

案例分析：1998 年，位于澳大利亚维多利亚州的 Longford 天然气处理厂发生了一起重大火灾爆炸事故(参考文献 2.33)，事故导致两名员工死亡，八名人员受伤。该事件导致该厂一套气体分离装置被摧毁，两套装置停车，致使全州范围内的天然气供应中断两周，25 万名工人由于工厂生产和商业活动停止而被迫回家。此事件的起因是工人试图修复一次金属脆化的工艺故障。如果事前开展了一次全面的风险评估，应该能够识别出解析油物料中断会引起工艺设备低温的现象。而且在事故发生的三年之前已经计划进行风险评估，但从未执行。

概述： *危害识别与风险分析*(HIRA)是一个总体的表述，包含工厂整个生命周期，通过识别危害和评估风险，确保员工、公众和环境所面临的风险始终控制在企业可容忍的风险标准以内。注意：如表 2.3 所示，构成危害识别与风险分析的工作有许多不同的表达方式。实际上，尽管你可能会参与各种类型的危害识别和风险分评估研究，但你可能不会被邀请去参加一项“危害识别和风险评估”工作。在一些公司，术语“过程危害分析(PHA)”特指为了满足美国职业安全与健康管理局的 PSM 标准而开展的研究工作，另外的术语“危害评估”来指其他的危害识别研究。

表 2.3　危害评估同义词

过程危害分析	危害预评估	危害评价
过程危害审查	过程风险审查	危害和风险分析
过程安全审核	过程风险调查	危害研究

想要对风险进行管控，首先必须识别危害，然后进行风险评估，确定风险是否在可容忍的范围内。从这些研究中得出的“对风险的理解”是制定工厂其他过程安全管理活动的基础。在任何方面存在错误的风险认知都可能导致对工厂有限资源的无效利用，或在未察觉的情况下接受超出公司或社区的实际容忍限度的风险。

这些研究通常以对三个主要风险问题的解答展开，解答的详细程度取决于分析目标、生命周期阶段、可用信息和资源。这三个主要风险问题是：

1. 危害——哪里会出错？
2. 后果——会有多严重？
3. 可能性——多久发生一次？

进行危害评估时，审查团队会向工艺专家询问可能存在的危害，判断所识别出的危害的风险水平。现在已经有一套工具可以满足不同的评估需求。危害识别或定性风险评估的工具包括危险与可操作性研究(HAZOP)、假设分析/检查表分析和失效模式及影响分析(FMEA)。半定量风险评估的工具包括故障模式、影响及致命度分析(FMECA)和保护层分析(LOPA)。更加具体的定量风险评估工具包括故障树、事件树和后果模拟。下列书籍包含相关主题：

- *《危害评估程序指南》*(*Guide for Hazard Evaluation Procedures*)，第三版，工作实例，参考文献 2. 34；
- *《保护层分析——简化的过程风险评估》*(*Layer of Protection Analysis - Simplified Process Risk Analysis*)，参考文献 2. 35；
- *《化工过程定量风险评估指南》*(*Guidelines for Chemical Process Quantitative Risk Analysis*)，第二版，参考文献 2. 36；
- *《初始事件和独立保护层指南》*(*Guidelines for Initiating Events and Independent Protection Layers*)，参考文献 2. 37。

审查的结果通常会记录在工作表内，工作表会因项目所处阶段的不同以及评估方法的不同而在细节上有所差别，表 2. 4 是一个典型的 HAZOP 分析记录表。

表 2. 4　典型的 HAZOP 分析记录表模板

区域：		会议日期：		
图纸编号：		团队成员：		
偏差	原因	后果	安全措施	建议措施
无流量	阀门未关闭			
	管道堵塞			

HIRA(危害识别与风险分析)涵盖风险分析的整个范围，从简单的定性分析到详细的定量分析都包含在内。有些公司认为只要存在爆炸风险，无论其可能性大小，一概均为不可接受的风险。另外一些公司可能认为只要可以证明预计爆炸频率低于规定的可能性，如 10^{-6}/年，则可以接受爆炸风险。在这种情况下，就必须开展一个简单或详细的风险分析。

操作过程的风险研究一般需要定期更新或定期重新验证。不同国家和地方政府可能会对 HIRA(危害识别与风险分析)有特定的要求。过程危害分析(PHA)是一种为满足美国职业安全与健康管理局 PSM 标准要求而开展的 HIRA。

如果是一名刚入行的工程师或刚接触过程安全的工程师，在进入工艺安全行业的前几年，很有可能会参与一些不同形式的 HIRA。在表 2. 1 中，HIRA 要素对应的是美国职业安全与健康管理局 PSM 体系和美国环境保护署风险管理方案中规定的过程危害分析(PHA)要素。规定中要求对涵盖的工艺过程进行过程危害分析(PHA)，且每 5 年更新一次。地方当局和其他国家也可能对此有类似的要求。

支柱：管理风险

管理风险支柱包括 9 个要素：

- 操作程序(第 2. 9 节)；

- 安全作业规程(第 2. 10 节);
- 设备完好性及可靠性(第 2. 11 节);
- 承包商管理(第 2. 12 节);
- 培训及绩效保证(第 2. 13 节);
- 变更管理(第 2. 14 节);
- 开车准备(第 2. 15 节);
- 操作守则(第 2. 16 节);
- 应急管理(第 2. 17 节)。

2.9 操作程序

案例分析:1994 年 12 月 13 日,爱荷华州尼尔港的一座硝酸铵工厂在即将再次开车前发生爆炸,导致四名员工死亡,18 名员工住院救治,工厂周围民众被疏散到 15miles 之外的地区,财产损失估计高达 1. 2 亿美元。事故发生前,该装置临时停车 18h,发生爆炸时操作人员准备再次开车。美国环境保护署化学事件调查组得出的结论是,爆炸是由于硝酸铵工厂缺乏书面的临时停车操作程序引起的(参考文献 2. 38)。在第 3. 6 节中会对此事件进行更详细的介绍。

概述:*操作程序*是列出指定任务的操作步骤,并说明这些步骤执行方法的书面指导性文件(包括以电子方式储存,根据需要打印的操作程序)。好的操作程序还应该对工艺过程、危害、工具、防护设备和控制方法进行充分、详细的描述,以便操作人员能够理解危害、检验控制系统是否运行正常、确认工艺流程是否在按照预期的方式响应;操作程序还应说明当系统未按照预期方式响应时排除故障的方法;操作程序还应规定何时执行紧急停车,并列举特定场景,如当某台特定设备停用时的临时操作方法。操作程序通常会用来管理产品切换、周期性工艺设备清洗、设备维修准备等活动以及操作人员承担的其他日常工作。该要素的范围包括所有对装置安全开车、运行和停车过程(包括紧急停车)所须执行的工作进行说明的操作程序。

持续高水平的人员执行是所有过程安全程序的关键要点。实际上,人员执行低于适当水平将会对操作的各个方面产生不利影响。如果没有书面的操作程序,工厂就不能期望每个操作员都会采用预期的程序和方法,甚至不能期望某一位操作员会一直以指定的方式执行特定的任务。

年轻的工程师可能会参与到程序编写的工作中。操作程序通常由对工艺操作参与度很高以及具备完善的工艺操作知识的操作员和工艺工程师共同制定[操作员是指通过控制系统或现场操作设备直接控制工艺过程的人员。注意:许多工厂使用其他名词(如技术员)来描述这个职位]。新程序的制定以及现有程序变更的审核和批准通常由操作员、主管、工程师和经理共同完成。如果操作程序可能会对其他部门产生潜在影响，也应邀请该部门参与，如维修部门。

一旦制定并批准了操作程序，则任何时候都要毫无例外地严格遵守这些程序，或者需要通过正式的变更管理流程对其进行变更，如本章后续章节所述。

在表2.1中，操作程序是OSHA PSM和EPA RMP规定的一个要素。这些规定中要求建立正常操作、开/停车、紧急停车和应急处置的操作程序，并及时更新。地方当局和其他国家可能也会有类似的要求。

2.10 安全作业规程

案例分析：2001年7月17日，位于特拉华州特拉华市的Motiva公司特拉华市炼油厂发生爆炸。一队维修承包商人员在硫酸(H_2SO_4)储罐区的施工步道上修理栅栏时，其动火作业产生的火花点燃了其中一个储罐中的易燃蒸气。储罐与地基分离，瞬间释放出了其内物料(见图2.6)。事故造成一名承包商员工死亡，八名承包商员工受伤，罐区内的其他储罐也发生了泄漏。这场大火持续了大约0.5h，硫酸流入特拉华河，对水生生物造成严重破坏。这些储罐用于储存炼油厂硫酸烷基化工艺过程中使用的新鲜硫酸以及工艺产生的废硫酸，废酸通常含有少量易燃物质。随着时间的推移，储罐出现了严重的局部腐蚀。在1998~2001年5月，每年都会出现储罐外壁泄漏的情况。Motiva公司批准了一项在顶部和壳体上有孔的储罐周围进行的动火作业，而此动火作业不应该被批准。另外，当作业被批准后，也未采取适当的措施防止可燃气体被点燃(参考文献2.39)。

图2.6 Motiva炼油厂坍塌的储罐(图片源自CSB)

概述： *安全作业规程*是一个正式的程序，有助于对与工艺过程操作不直接相关的作业进行危害和风险管控。例如，在生产区域内进行的维修和检验工作，就需要通过安全作业规程进行管理。建立和断开连接以卸载轨道车可能属于操作程序要素的范畴，然而，断开压力变送器应该被视为非常规作业活动，包含在安全作业规程(*安全作业*)的要素范围之内。安全作业规程不是仅针对单个活动或作业的说明，它们是通用的，通常是为不同装置乃至整个公司使用而编写的。例如上锁挂牌制度(LOTO)、动火作业、管道切割作业、受限空间进入程序等均属于安全作业规程。许多国家可能对工业活动需要遵循的安全作业规程有特殊的规定。

安全作业规程对过程安全至关重要，通常由公司的职业安全与健康管理部门监督管理。这些规程使得工艺设备、容器、控制装置和管道的维护、检验和修理以持续安全的方式进行。安全作业程序常常辅以许可证(一张包含授权步骤的检查表)。表 2.5 展示了一个更全面的安全作业规程清单。

表 2.5 安全作业要素范围内的典型作业活动

控制一般危害或防止员工接触危害或危害环境的安全作业程序包括：

- 挂牌上锁/控制能量危害；
- 管路切割/打开工艺设备；
- 进入受限空间；
- 动火作业许可；
- 未经授权的人员进入工艺区；
- 管线或设备带压开孔。

防止二次重大影响事故发生的安全作业程序包括：

- 在工艺区域内或周围开展挖掘活动；
- 在工艺区域内驾驶车辆；
- 工艺设备吊装；
- 在工艺区域内或周围使用其他重型施工设备。

控制特定危害的安全作业程序包括：

- 使用爆炸物/爆破作业；
- 使用电离辐射(例如对工艺设备进行 X 射线造影)。

防止安全系统未经授权降低效能的安全作业程序包括：

- 消防系统降效；
- 泄放装置的临时隔离；
- 联锁装置的临时旁通或跨接

一些工厂还将预防标准工业危害(如坠落)的程序或实践包含在此要素的范围之内。

OSHA PSM 和 EPA RMP 呼吁制定动火作业程序。其他的安全作业规程通常会在另外的法规中进行规定，不会考虑化学品或其他危险品在工厂内的危害程度。

2.11 设备完好性及可靠性

案例分析：2012 年 8 月 6 日，位于美国加利福尼亚州里士满的雪佛龙美国有限公司炼油厂(雪佛龙里士满炼油厂)的 4#原油处理单元发生了严重的管道破裂事故(图 2.7)。破裂的管道释放出了易燃烃类工艺流体，部分液体气化为巨大的蒸气云，19 名员工身陷其中。

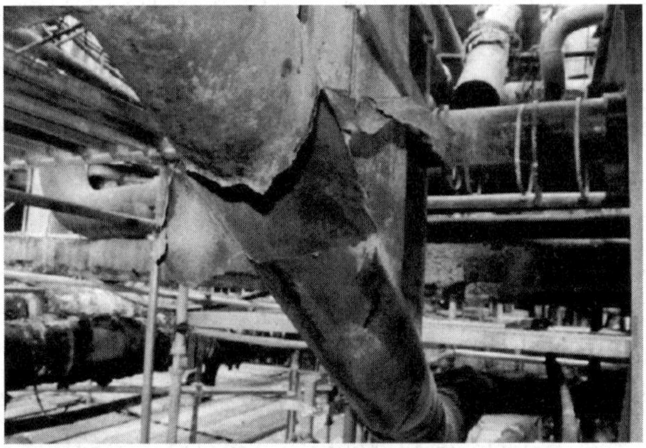

图 2.7　52in 长管道部件破裂(图片源自 CSB)

在发生泄漏约 2min 后，蒸气云内的易燃部分被点燃。雪佛龙公司的 6 名员工在事故过程及随后的应急响应工作中受到轻伤。如果发生闪火，可能会对在场的工人造成更为严重的后果。火灾持续了数小时且导致了工艺装置长时间的停产(数月)，雪佛龙公司为此付出了昂贵的代价。因暴露于烟雾中当地数千名愤慨的居民到本地医院寻求医疗评估。破裂发生在一个蒸馏塔侧面的一段长 52in、直径 8in 的管道上。分析发现，发生破裂的 52in 部件出现了严重的厚度减薄，破裂区域附近的平均原始壁厚损失高达 90%。

厚度减薄是由硫化腐蚀引起的，这是一个已知现象，美国石油学会(API)对此有专门推荐的良好实践建议：939-C《*炼油厂如何避免硫化作用(硫化物)腐蚀失效的指南*》[*Guidelines for Avoiding Sulfidation (Sulfidic) Corrosion Failures in Oil*

Refineries]。此事件所涉及的管线有 24 个状态监测点(CMLs)，但是在这段 52in 长的管段部分没有设置状态监测点。

此管段更容易受到硫化腐蚀，因为其硅含量低于其他管段部分(众所周知，对于管道部件来说，硅含量越低，硫化腐蚀率越高)。由于工厂一直以高硅组件的检测数据为分析依据，因此未能获知该管道的危险状况，从而错过了更换管道的机会(参考文献 2.40)。

概述：*设备完好性及可靠性*作为基于风险的过程安全管理的要素之一，有助于确保设备按照技术规范正确设计及安装，并确保设备在退役之前都可以保持正常使用状态。设备完好性所涉及的作业活动，如检查和测试，都是为了确保设备在其生命周期内适用于预期用途的必要活动。避免危险物料泄漏和确保安全系统[如压力泄放装置和安全控制报警及联锁装置(SCAI)等]在必要时能够发挥作用是所有工厂的两大主要职责。

该要素主要涉及维护人员和承包商人员在运行装置内进行的检查、测试、预防性维护、预测性维护以及维修活动，也涉及支持这些活动的质量保障过程(例如积极对管道和垫片材质进行识别)，还包括规程和培训。

对于运营中的装置而言，*设备完好性*要素活动是日常运营工作不可或缺的部分，这些活动主要涉及操作员、维修人员、检查员、承包商、工程师以及其他参与设备设计、说明、安装、操作和维护的人员。特别地，机械工程师会深度参与各设备的预防性维护；仪表和电气(I&E)工程师通常需要对仪表和控制回路进行测试和维护；工艺工程师可以查找并报告泄漏情况、异常噪声和气味或检测其他异常工况。

该要素包含在 OSHA PSM 和 EPA RMP 规定中的机械完整性要求中(见表 2.1)。规定要求要有书面的检验和测试程序，并对已完成的检验和测试以及已经纠正的缺陷以文件形式记录归档。地方政府和其他国家可能也有类似的要求。

2.12 承包商管理

案例分析：1988 年 7 月 6 日夜间，英国 Piper Alpha 海上钻井平台发生火灾爆炸事故，造成 167 人死亡，平台毁坏。此次事件是由夜班工人把当天早些时候停运维修的一台凝析油注入泵投入使用引起的。事实上，夜班工人知道此次维修活动，电工必须得到授权才能将电机控制中心的控制开关合闸恢复泵的运行。当晚的轮班操作人员可能会被告知所有计划由维修组负责完成的维修工作均已完成或已延期。但是他们不知道的是，另外一项由承包商负责的作业并未完成。实际上，承包商人员拆除了泵出口管线上的压力安全阀准备重新校验，在当天下午

6点下班离开之前，无法将阀门恢复投入使用。当泵启动时，大量烃类物质泄漏，最终导致了此次灾难的发生。后续的调查结果显示，负责此次维修活动的承包商主管未经过适当的安全作业规程培训。此外，通过事件调查结果推断，对承包商在石油平台上的应急响应培训不足(或者有些情况未培训)可能是本次事故死亡人数高的主要原因(参考文献2.40、参考文献2.41)。

概述：工业生产通常需要依赖承包商进行日常操作、开展需要特定专业技能的活动，以及在频繁作业活动期间(例如大修)参与工作。承包商人员可能对设施的危害和操作缺乏了解，这给承包商服务的安全使用带来了挑战。承包商管理是一套确保承包商服务既能支持工厂的安全运行，又能满足公司的过程安全和个人安全绩效目标的控制体系。该要素解决对承包服务进行筛选、获取、使用和监管问题。

公司为更好地利用内部资源，越来越倾向于将各种服务外包，包括设计、施工、维护、检查、测试和招聘。通过外包服务，公司可以达到以下目的，如：(1)获取非持续需求或非日常工作需要的专业知识；(2)在非日常时期，当资源需求增高时，补充公司有限的资源；(3)增加了员工人数，但没有增加直接雇佣员工的管理成本。

然而，使用承包商意味着将一个外部组织纳入公司的风险管控工作范围之内。承包商的使用可能会将不熟悉工厂危害和保护系统的人员置于存在过程危害的地方。而且，承包商开展的活动，又可能给工厂带来新的危害，如：新的化学品、X射线源。不仅如此，承包商在现场的活动可能会由于疏忽而破坏或绕过工厂的安全控制措施。公司需要认识到并解决使用承包商带来的新挑战。承包商管理需要进行的任务包括：

- 在选择承包商时，核查其安全记录；
- 制定安全方案的执行和绩效目标，确立角色并进行职责划分；
- 确保承包商员工接受了适当的培训；
- 向承包商提供相应的信息，确保其能够安全地提供承包服务。

承包商管理也是OSHA PSM和EPA RMP中一个要素，上述要求即为规定的一部分，地方政府和其他国家可能也有类似的要求。

2.13 培训及绩效保证

案例分析：1966年1月4日，法国里昂附近的一家炼油厂液化石油气(LPG)罐区先后发生了闪火和沸腾液体扩展蒸气爆炸(BLEVE)事故。事故造成18人遇难，81人受伤(参考文献2.43)。液化石油气储存设施被毁，大火蔓延至附近的液态烃储罐。事件发生时，操作人员正在实施从某液化石油气储罐的底部排水的作业。操作人员使用上游排水阀(双隔离阀设计)调节排水管线流量时，LPG在该阀门处发生闪蒸，导致上下游阀门均冻结而无法关闭，液化石油气通过敞开的排水口释放到大气中。如果使用下游阀门调节排水管线流量，当LPG发生闪蒸时，上游阀门不会被冻结而无法关闭，这时，该上游阀门可以被用于切断液流。这个事件说明了管理系统必须确保参与过程的每个人都接受正确的程序培训，并定期确认其培训绩效符合要求的必要性。

概述：*培训*是对工作和任务要求及执行方法的实际指导。培训可以在教室或工作场所开展，其目标是使员工达到某些最低的初始绩效标准，保持其熟练程度，或使他们有资格晋升到要求更高的岗位。*绩效保证*是一种员工证明其理解培训内容并能将其应用于实际情形的方法，它是一个持续不断的过程，要确保员工满足绩效标准，并判断哪些方面需要增加培训。

生产、储存或使用危险化学品的工厂的安全运行和维护离不开合格的员工，各个级别，上至经理、工程师，下至操作员和技师都必须达标。培训和其他绩效保证活动是提高高水平人员可靠性的基础。在这一层面上，培训不仅包括对管理操作、维护、安全作业、应急方案和应急响应特定程序的教育，还包括对整个工艺过程及其风险的教育。培训可以在工作场所或教室内开展，对于特定工作岗位，须在员工独立上岗作业前完成培训。

培训是OSHA PSM和EPA RMP规定中的要素之一，地方政府和其他国家可能也有类似的要求。

2.14 变更管理

案例分析：*变更管理*(MOC)要素被称为按分钟实施的过程风险评估及控制系统。在1974年发生的Flixborough事故中MOC的重要性(或者说变更缺失的严重性)得到了最为显著的体现。这一转折点事件涉及环己烷氧化反应器之间管道的临时改造。1974年3月，一家英国弗里克斯伯勒镇的工厂为了保证产能，在一套6台串联反应器的装置上的第5个反应器附近安装了一条临时旁通管线。1974年6月1日，在完成非相关维修作业后，当工厂重新启动时，这条旁通管线发生故障，泄放出约6×10^4lbs的高温物料，其中主要为环己烷。由此产生的蒸气云发生爆炸，释放出相当于15t TNT的能量。爆炸摧毁了整个工厂，对附近居民区和商业区造成破坏，导致28人死亡，89名员工和附近居民受伤。

负责临时改造的人员不具备足够的专业知识去设计配备波纹管的大型管线——该变更的设计工作更像是针对管道装配，而不是大管径高压管道的系统设计。正如官方报告所述："……他们并不知道自己不了解。"而一个有效的 MOC 系统会在变更实施前发现设计缺陷，从而避免灾难的发生。

概述：*变更管理*(MOC)要素有助于确保在对工艺实施变更时，不会由于疏忽而引入新的危害，或者在不知情的情况下增大现有的风险。许多公司将变更定义为所有非"同质同类替换"。CCPS 将变更定义为"所有会对过程安全信息造成改变的事情"。变更管理的目的是评估与变更相关的风险，并将风险降低到可接受的水平以内。通常要求团队采用明确的方法和审批流程来实现。

*变更管理*要素包括审核和批准过程。在变更实施之前，对拟进行的工厂设计、运行、组织或活动变化进行评估，从而确保未引入任何未预见的新危害，且不会在不知情的情况下，增大员工、公众或环境所面临的现有危害的风险。其中还包括确保将变更情况通知到所有可能受到影响的人员，且相关文件，如程序、过程安全知识等及时更新至最新版本的步骤。

如果在没有适当审核的情况下对危险工艺过程进行了变更，则会大大增加过程安全事件发生的风险。MOC 审核通常会在运行的厂区内进行，并且在工艺过程的整个生命周期内逐渐频繁地被执行，地点一般在公司办公室内，参与方涵盖项目设计和规划方。作为一名年轻的工程师，在职业生涯的初期有很大的可能性会参与到 MOC 的审核中。

变更申请可以由任何个人发起，从基层人员到项目团队再到研发团队。关键是设施内的个人需要知道什么是变更。具备资格的审核人员(通常不是变更的发起者)，通过审核确定变更是否可能引起任何潜在的不利影响，并可以提出建议采取额外的风险管控措施。审核的性质通常取决于变更的范围，简单变更审核可能只需少数专业人员，而重大变更可能需要采取类似于第 2.8 节中讨论的 HIRA 方式进行审核。基于审核结果，变更会被批准执行或要求修改或拒绝执行。通常会任命审核小组之外的一名人员为变更实施的最终批准人。变更的实施通常会由各类人员共同参与，对受变更潜在影响的员工进行告知或培训，并更新受变更影响的文件。

OSHA PSM 和 EPA RMP 以及其他国家的法规都对 MOC 进行了明确要求。规定中不仅要求执行 MOC 审核，还要求更新受变更影响的过程安全信息(PSI)和操作程序，并将变更通知相关员工。

虽然现今大多数公司都了解了变更管理的重要性，但是组织变更管理(MOOC 或 OCM)的重要性并未被充分理解。组织变更管理的范围包括工作条件的变化、人员的变化、任务分配的变化、组织架构的变化和政策变化。CCPS 出版的*《组织变更期间的过程安全管理指南》*(*Guidelines for Managing Process Safety during Organizational Change*)中(参考文献 2.44)对该主题进行了比较详细的阐述。

2.15 开车准备

案例分析：一家炼油厂对某一个装置进行重大检修，其中涉及对多个设备部件的大量挂牌上锁(LOTO)要求。所有相关安全作业程序，包括LOTO、初次管线断开程序均已建立。此次装置大修的唯一不同之处在于，在改变进料和增加额外的加热/冷却时，工艺边界内的几台设备只是间断运行。

对照已建立的检查表内容，对装置进行了全部的启动前检查，装置顺利重新开车。不幸的是，6个月后，当一台间断运行的换热器投入使用时，发生了严重的可燃气体泄漏事故。由此引发的火灾造成了严重的运行中断和设备损坏。后来发现，由于这台特殊的设备在开车时不会立即投入使用，因此并未将其纳入整个检修的一部分而执行开车检查。虽然有独立的启动前检查程序，但未建立用以确保整个装置都已做好开车准备的整体性开车准备程序。

概述：*开车准备*要素可以从两方面展开讨论。作为首批被正式确认的过程安全要素，开车准备要确认新工艺、改进的工艺及变更的工艺可以安全启动。这项活动被称为启动前安全检查(PSSRs)。随着"基于风险的过程安全"的推进，许多公司已经扩大其开车准备的范围，包括确认已关闭的设备和工艺可以安全重启。

开车准备应该解决所有类型停车的重新启动问题。开车准备不仅针对新工艺及变更的工艺，也包括对被打开、检查、维修的设备和工艺的启动或重新启动。这一要素可以是相对较小的维护工作的一部分，也可以涉及耗时数周的大规模检修。一些工艺可能只是短暂关闭，另外的工艺可能会经历一段较长的维护、检查或维修停车，甚至有些装置已经被长时间封存。还有一些装置可能因为某些管理原因而停车，例如产品需求不足或者因为一些与生产完全不相关的原因停车或者作为预防措施而停车，比如可能因为暴风雨即将来临而停车。除了停车持续时间，该要素还要考虑在装置停车期间可能开展的工作(例如可能涉及管线断开)，以帮助明确开车前的开车准备审核工作的重点。

如表2.1所示，*开车准备*要素对应于OSHA PSM和EPA RMP规定中的启动前安全检查要素。虽然如此，开车准备的定义范畴要比OSHA PSM规定中的启动前安全检查要素范围更广，开车准备解决了所有类型停车的启动问题，而不仅仅是针对新装置或装置变更后的启动。

经验表明，在工艺切换(如启动)期间，事故发生频率更高。这些事件往往是由实际工艺条件并不完全符合安全操作的要求导致的。因此，审核工艺状态达到安全启动状态是非常重要的。

审核涉及以下部分或全部的内容和活动：

- 确认施工和工艺设备符合设计规范；
- 确保建立了完善的安全、操作、维护以及应急程序；
- 确保在停车期间可能被旁路的安全设施，经过审查后再投入使用及运行；
- 确认所有传感器、仪表和阀门都被正确地重新设置在合适的状态或条件；
- 确保所有可能影响此过程的员工均已经过培训。

此外，对于新的工艺过程，需要确认已对其进行了适当的风险分析，且已落实风险分析所有的相关建议。变更的工艺过程应确认已经按照变更管理(MOC)程序进行了审核。对于所有的开车(包括那些小规模的、短期的、不涉及任何变更的停车之后的开车)，开车准备审查要检查设备流程安全性、密封性、与尚未准备开车的其他系统的恰当隔离以及清洁性等问题，以确保工艺过程能够安全地投入运行。

在进行开车审查时，简单的启动可能只需要一个人走一遍流程，确认装置没有发生任何改变且设备已经准备好恢复运行。复杂的审查可能会持续数周或数月，需要工程人员、操作人员和维护人员核验设备与设计目标的符合性、施工质量、程序完整性、培训成效等问题。通常，启动批准需要大量的、全面的检查清单，经过层层审核，最终由多部门共同签署。

2.16 操作守则

案例分析：1997 年 1 月 21 日，在加利福尼亚州马丁内斯市，一家炼油厂的加氢裂化装置发生火灾爆炸事故，造成 1 人死亡，46 名工人受伤，周围社区居民被疏散避难(参考文献 2.45)。事故发生时，在试图排除工艺故障的过程中发生了超温现象。但是由于温度记录仪曾经有过失准记录，所以其读数并未引起关注。一名现场操作人员到现场确认温度时，所使用的对讲机信号传输受到干扰，因此控制室内的操作人员没有对装置执行减压程序，导致过热的废水管道发生破裂。该事件说明了操作守则的薄弱是如何引发灾难的。当工艺信息不可靠或不全面时，继续运行最终会导致性能偏差，超出安全运行极限。

概述：*操作守则*是指以从容有序的方式执行操作和管理任务，操作守则被认为是公司过程安全文化的实时表现和应用。操作守则包括但不限于操作纪律。首先要对将要进行的工作制定计划、编制文件，然后根据计划执行工作(制定工作计划—执行工作计划)。

操作守则是过程安全原则的日常应用，要确保：

- 建立完善的操作程序；
- 始终理解并遵守程序；

- 按照需要对设备进行维护；
- 进行变更管理；
- 审核和管理评审要有效，且发现项要得到解决。

换句话说，一个具备操作守则要素的公司，在流程的各个方面都有完整的程序和实践，包括操作和维护，且公司各个层级的组织在任何时候都严格遵循这套程序和准则。

操作纪律是操作守则的一部分，用于管理操作活动，以期获得一致性结果。操作纪律与公司文化息息相关。操作守则将制度化地执行每一项工作任务，最大限度地降低操作之间的差别。每个级别的人员都应在履行其职责时保持警觉、经过必要思考、具备充分知识、进行合理判断、带着自豪感和责任感。第 7 章将对操作员和工程师在操作守则中的角色展开详细介绍。

人员绩效表现始终保持在高水平状态是所有过程安全方案实施的关键。实际上，达不到要求的绩效表现，会对操作的各个方面产生负面影响。随着操作活动复杂性的提高，操作的正规化程度也必须提高，以确保关键任务的安全、可靠和持续性绩效。

2.17 应急管理

案例分析：1947 年 4 月 16 日上午，一艘停泊在得克萨斯城畔名为 Grandcamp 号的货船正在往船上装载硝酸铵化肥，船上一间货仓失火。火灾发生时，船上的一间货仓已经装载了 1400t 硝酸铵(袋装)，另一间货仓装载了 800t 同类硝酸铵。在火灾发生后的 1h 内，船长由于担心货物受损，决定不使用水进行灭火，而是命令船员关闭船舱，使用高压蒸汽排除氧气。在涂上石蜡等燃料后，纯硝酸铵不会燃烧。但是不幸的是，硝酸铵表面覆有石蜡，覆盖物燃烧产生的热量会将硝酸铵加热到其分解温度，从而导致无法控制的硝酸铵放热分解反应。一旦着火，即使在没有氧气的情况下仍能继续燃烧。如果物料被限制在一定的空间内，那么可能会发生爆燃或爆炸。在这种条件下，在封闭的船舱内使用水蒸气进一步加热固体物料，很有可能会缩短硝酸铵到达“不可逆转的”失控分解的时间。货船发生了爆炸，导致约 600 人丧生，从死亡率上看，此次事故是美国历史上最严重的一次工业事故。Grandcamp 货船的爆炸殃及附近的化工厂、油港，在发生爆炸的 16h 内，陆续发生多起重大爆炸和火灾事故，最终导致停泊在 Grandcamp 泊位旁边的 Highflyer 货船于 4 月 17 日清晨发生大规模爆炸，船上的 1000t 硝酸铵悉数尽毁(如图 2.8 所示)。

图 2.8　1947 年得克萨斯城灾难后燃烧的孟山都(Monsanto)工厂航拍图

注：得克萨斯州历史，源自得克萨斯州得克萨斯城的莫尔纪念公共图书馆。

(http://texashistory.unt.edu/ark:/67531/metapth11883)

一位研究得克萨斯城灾难的学者指出："在巨大的危险面前，安全和应急准备严重不足。在没有任何准备的情况下，没有人能够迅速控制事故后果，防止事故演变成一场灾难。"显然，应急措施漏洞百出，包括使用蒸汽排除氧气而非用水降温的决定，以及未能疏散 Grandcamp 码头周边的旁观者。事实上，当天早上 8：00~9：12，为了能够更好地看到色彩明艳的烟雾和火焰，数百人聚集在码头(参考文献 2.46)。

概述：

*应急管理*包括：(1)为可能发生的紧急事件制定应急预案；(2)提供执行预案所需资源；(3)进行应急计划演练并持续改善预案；(4)培训或者告知员工、承包商、邻居和当地政府事故发生时如何行动、事故发生的通知方式及其如何上报紧急事件；(5)事故发生后，与利益相关者进行有效沟通。

应急要素远不止"灭火"而已。本节主要从三个方面展开对应急预案和响应的介绍：

- 保护人员安全，包括现场人员、场外人员和应急响应人员；
- 应对灾难性事故，包括爆炸、大规模化学品泄漏或其他大规模能源泄漏；
- 与利益相关者沟通，包括附近居民和媒体。

应急预案应通常由厂内和厂外专家共同制定。预案制定者通过咨询操作团队和审查危害识别与风险分析(HIRA)要素(第 2.8 节)的工作成果，识别和选择应急预案情景。应急响应预案的制定需要可能会牵涉到的或受影响的工作团队的协助，并应经常组织所有可能涉及和影响到的工人进行演练。操作团队通常负责第一时间的应急响应工作，如关停工艺、隔离危险物料库存等。经过专业培训的团队会在事故指挥员的协调下尽快向操作团队提供协助。此类团队通常包含工厂应急响应小组和外部机构，外部机构包括消防部门、医疗救护人员、危险物料(HAZMAT)小组，在有些地方还包括来自附近工厂的互助响应小组。

制定应急响应预案的步骤如下：

根据危害，确定事故情景。大规模的化学品事件通常会带来三类危害：火灾(热效应)、爆炸(压力效应)和有毒蒸气云(生理效应)。应急响应预案通常要应对每种危害类别的几个情景，并且覆盖所有可能发生的重大事故情景。

评估可能发生的事故情景。对一系列可信事故情景进行评估，以确定可能导致的后果类型和影响范围。

选择应急预案情景。根据泄漏类型、覆盖区域或可能受影响区域以及行业的历史事件，来选择预案情景。另外，在选择情景时，应急响应计划还应该考虑预期的行动，如是撤离还是就地避难。

规划防御性响应行动。防御性响应行动包括但不限于：紧急事件的识别和报告、启动应急或疏散警报的方式和机构、辅助疏散的个人防护用品、安全避难所或临时就地避难所(以及需要采取此策略的情形)、逃生路线、集合点以及在紧急集合点应采取的行动。应急指挥中心(EOC)的建立，包含对防御行动的指挥和控制以及事故指挥权的移交政策。

规划主动响应行动。主动响应包含：消防预案、定义“高温”区和“中温”区边界、这些区域的通行控制、响应小组的沟通交流(尤其是响应人员、操作人员及其支辅助团队之间沟通、人员配备及其具体职责、PPE 选择指南、污染物排放程序)。

编制书面应急响应预案。书面应急响应预案应阐明主动响应行动，为确定应急行动需要的设施及设备、人员配备、培训、沟通交流、协调协助和其他需要的资源或活动提供依据。

提供物理设施和设备。应急响应预案应明确应急响应所需要的资源。工厂应仔细考量设备的方位：距离响应区域太远会延长响应时间，距离危险物料泄漏点太近则可能会在实际事件发生时加大安全使用设备的难度。

对设施和设备进行维护和测试。必须对应急响应设备进行维护、定期补充库存和测试，以确保设备在需要时能正常发挥作用。

确定装置操作人员的响应时机。预案应当包括操作人员处理事件的恰当时机、操作人员应该采取的行动和不应采取的行动。

培训应急响应小组(ERT)成员。在首次培训之后，还要对应急响应小组定期进行再培训和演练。

应急方案沟通。通常与工厂内部员工的沟通是非常容易的，而与承包商、地方政府、附近居民和其他利益相关者的沟通难度会逐步增大。

通知和培训全部人员。培训或者告知可能受紧急事件影响的个体，使其掌握

紧急事件的示警方式、可能会被要求采取的行动以及如何保护自己。

定期评审应急响应预案。应急响应预案很容易过时，因为应急响应预案不像操作程序，在日常工作中，操作人员不会定期将其取出阅读学习。

应急预案和应急响应是 OSHA PSM 和 EPA RMP 规定中的一部分(见表 2.1)，地方法规和其他国家法规也对此有规定。

支柱：从经验中学习

从经验中学习支柱包含四个要素：

- 事件调查(第 2.18 节)；
- 衡量及指标(第 2.19 节)；
- 审核(第 2.20 节)；
- 管理评审与持续改进(第 2.21 节)。

2.18 事件调查

案例分析：下述事故并不是发生在过程工业中，却再次说明了这些管理原则是怎样适用于其他行业的。

2003 年 1 月 16 日，哥伦比亚号航天飞机失事，机上七名宇航员无一生还。这起事故是未能彻底调查并解决系统性能异常的典型案例。为了保护航天飞机脆弱的热防护系统，航天飞机设计规范要求不得发生泡沫保温材料脱落事故。尽管要求如此，但至少有 65 次航行中出现了泡沫材料脱落现象，其中六次为双脚斜体处的泡沫脱落，该位置的泡沫脱落最终导致了哥伦比亚号的失事。例如，2002 年 10 月 7 日，在 STS-112 发射期间，泡沫的脱落导致热防护系统上出现 707 个凹痕，其中 298 处单维度尺寸超过 1in。其中一块残骸敲落了一块隔热瓦片，导致轨道器表面直接暴露于航天飞机重返大气层时产生的热量中。幸运的是，STS-112 缺失的瓦片的下面是厚厚的铝板，因此并未烧穿。尽管发生了大量违反航天飞机设计规定的事件，但美国国家航空航天局并未对泡沫脱落的根本原因进行全面调查。多次成功飞行的经验使得美国国家航空航天局误以为航天飞机不会因碎片脱落而受损。如果美国国家航空航天局能对这些未遂事件开展适当程度的调查，应该早已改变航天飞机的设计，防止泡沫脱落，提高航天飞机承受泡沫撞击的能力，或者同时采取这两种措施。1986 年由于“O”形密封圈的“偏离标准常态化”导致的挑战者号悲剧事件在 2003 年再次发生，这次事故的发生是由泡沫设计意图与性能规格发生偏离所致。在第 3.3 章中将对哥伦比亚号航天飞机事件进行更详细的描述。

概述：*事件调查*是对事件以及未遂事件进行报告、跟踪和调查的过程，其中包含执行事件调查的正式流程，包括人员配备、实施调查、存档和对过程安全事件进行调查跟踪。事件调查还包括对事件趋势和事件调查数据的分析，以识别重复发生的事故。事件调查的目的是识别和消除事故发生的原因，以提高组织绩效。此外，*事件调查*过程还包含对调查所产生的建议的落实情况进行管理以及记录存档。

事件调查是从工厂或企业的整个生命周期内所发生的事故中吸取经验教训，并将经验教训传达给内部人员和其他利益相关者的途径。根据调查分析深度的不同，相关反馈信息可以应用于正在被调查的特定事故，或者用于一个或多个工厂发生的、具备类似根本原因的某类事故。

调查过程中的一种错误做法是将调查作为追究事故相关人员责任的工具。事件调查不应该用于问责，事故问责会导致无法找出致使事故发生的管理系统缺陷，并且会导致无效建议的采纳和实施。有效的事件调查方法是找出事故发生的管理原因，并提出解决问题的建议。

很多公司采用 CCPS《*过程安全先导指标和滞后指标*》(*Process Safety Leading and Lagging Metrics*)(参考文献 2.47)或 API RP 754《*炼油和石化行业过程安全绩效指标*》(*Process Safety Performance Indicators for the Refining & Petrochemical Industries*)(参考文献 2.48)来定义事故、事件、未遂事件和不安全行为。图 2.9 为摘自 CCPS 文献中的过程安全指标金字塔，金字塔的顶端为达到 API RP 754 文件中规

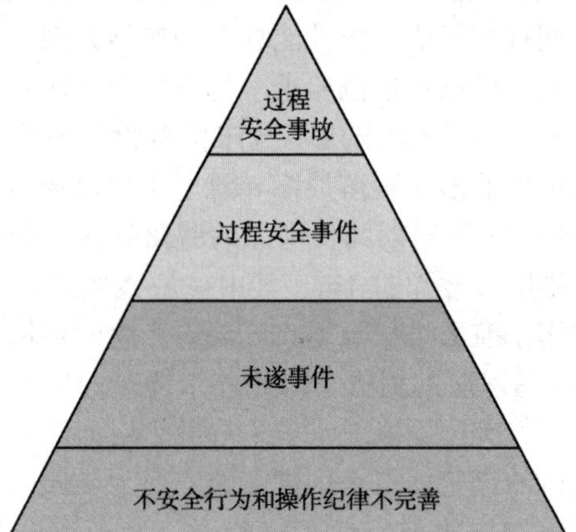

图 2.9　CCPS 和 API 过程安全衡量指标金字塔(参考文献 2.46)

注：*过程安全事故*(API RP 754 定义的一级过程安全事件)：达到特定严重性限值的事故，需要作为行业范围及过程安全衡量指标报告。

过程安全事件(API RP 754 定义的二级过程安全事件)：未达到过程安全事故定义的事故——行业范围级的过程安全指标。(例如：造成可报告的工作受限或医疗救治，或者严重性达到过程安全事件限值10%的首层容纳失效事件和火灾)。

未遂事件：可能导致事故发生的首层容纳失效或系统失效，如仪表故障、管道减薄等。

不安全行为和操作纪律不完善：确保安全保护层和操作纪律得到维护的衡量指标。

定的限值标准的事故过程安全事件。例如，泄漏量超过50kg(110lb)的易燃液化气或沸点≤35℃(95℉)且闪点≤23℃(73℉)的液体，或者导致人员死亡的事故。金字塔的下一级为没有达到规定的事故报告限值，但是却会对未来的事故有预警作用的过程安全事件。

未遂事件是轻微的首层容纳失效事件或其他系统失效。例如，安全系统存在缺陷(即使系统正常工作)、未经授权的报警或联锁摘除、班组流程确认错误、旁路或停用设备问题，或设备检查结果超出可接受的限度(例如管壁厚度不足)。

(*图2.9源自先前版本过程安全衡量指标指南——先导指标和滞后指标，当时版本中金字塔最顶端为process safety incident(常被翻译为过程安全事故)，第二层为process safety event(译为过程安全事件)，CCPS已于2021年出版新的过程安全衡量指标指南——先导指标和滞后指标，该金字塔的顶层修改为是Tier 1-process safety event，第二层为Tier 2-process safety event，也就是说名称都统一为过程安全事件，不再区分事故和事件。图2.9为忠于原版、体现区别，第一层仍译为过程安全事故。为与CCPS最新表述方式一致，本文其他部分process safety incident均译为过程安全事件，incident investigation也译为事件调查。)

企业可以选择采用不同的定义，但无论在任何情况下，工程师在培训、监管和跟踪方面的作用是相同的。

一旦发生过程安全事件，可以选用《*化工过程事件调查指南(第二版)*》(*Guidelines for Investigating Chemical Process Incidents, Second Edition*)(参考文献2.49)中描述的方法进行调查，通常根据事故严重程度选择。调查方法众多，从简单的头脑风暴法，到检查表的使用，再到编制逻辑树。调查组应包括熟练掌握调查方法的专家和熟悉事件过程的工艺专家。例如，在第2.11节中描述的管道破裂事件的调查，应由冶金专家和熟悉工厂机械完整性方案的人开展。调查完成后，要执行建议措施，并且将事故教训分享给企业内相似的工厂。最后，公司应在数据库中跟踪事故和未遂事件，以分析事件趋势，避免事故重复发生。

企业中新入职的工程师很有可能参与调查过程，尤其是在生产设施工作的工程师。事件调查是OSHA PSM和EPA RMP规定(见表2.1)中的一部分，且被纳入了地方法规和其他国家的法规中。

2.19 衡量及指标

案例分析：1999年9月23日，火星号气象飞行器在准备进入预定轨道时突然失踪(参考文献2.49)。在其9个月的飞行旅程期间，其所需的推进动作比导航组预测的要频繁10倍多。太空飞船失踪后，调查人员发现，轨道出错是由于太空飞船的一个软件模块计量单位编码错误。如果在飞行期间就能发现并调查轨道的非预期偏差，可能就可以避免太空飞船失踪事件。像飞行轨道一样，管理系统的衡量指标能够提供实际的系统性能与预期系统性能的对比数据，如果不及时调查、了解并纠正产生偏差的潜在原因。管理系统的运行，在数月或数年之内可能会保持貌似正常的表象，直到进行某一项关键工作时，如设备开车或关键岗位工人退休，最终导致灾难性的系统失效。

概述：*指标*要素设立了一系列用来监测 RBPS 管理系统、系统构成要素以及作业活动的绩效和效能的指标。本要素确定了需要考量的指数、数据收集频率及如何利用这些信息帮助确保 RBPS 管理系统的响应性、有效性运行。

所幸的是，重大过程安全事件发生的频率相对较低。但当此类事故一旦发生，往往是多种根本原因共同导致，其中有些涉及管理系统效能的降低，或者管理系统完全失效。工厂应实时监测管理系统活动的绩效，而不是等待事故发生或偶尔的审查来识别管理系统潜在的缺陷。这种实时绩效监测，可以在严重事故发生之前及时发现问题，识别出需要采取的纠正措施。

全面反映过程安全绩效的最佳方式通常是综合考虑先导指标和滞后指标。先导指标用于衡量过程安全管理系统的绩效，过程安全管理系统的失效会促进事故的发生。这类绩效举例如下：

- 设备完好性及可靠性系统，例如：检查是准时进行的吗？缺陷进行了纠正吗？
- 危害识别与风险分析系统，例如：危害识别按时进行了吗？建议措施及时执行了吗？
- 培训及绩效系统，例如：员工是否按时进行了复训？

滞后指标包括事故和未遂事件。事故率就是滞后指标的一个例子。由于事故发生频率不高，因此滞后指标在改进过程安全管理绩效方面通常影响不大。CCPS 编制了一份建议的前导和滞后指标清单(参考文献 2.48)。

监控过程安全管理绩效需要利用先导指标，先导指标举例如下：

- 危害识别与风险分析按时更新的百分率；
- HIRA 或 MOC 审核获得的建议措施在规定时间内完成的百分率；
- HIRA 或 MOC 审核获得的建议措施逾期未完成的百分率；
- 正确执行 MOC 的百分率；
- 正确执行安全作业许可的百分率；
- 按时完成检查的百分率，或反之，逾期未进行的百分率。

作为一名年轻的工程师，你可能会参与到收集甚至分析先导和滞后指标数据的工作中。

2.20 审核

案例分析： 1998 年 9 月 25 日，Longford 天然气厂发生了一起爆炸事故(见第 2.8 节)。在爆炸事故发生的 6 个月前，公司审核小组曾经开展过一次审核，确认该气厂成功实施了其过程安全管理系统。但是，皇家委员会随后对爆炸事故进行的调查结果发现，该装置在风险识别、分析和管理、培训、操作程序、文件记录和沟通交流方面存在重大缺陷，而事故发生前的一系列审核并未发现这些长期存在的问题(见图 2.10)。

图 2.10 损坏的换热器尾部图片(参考文献 2.33)

概述： *审核*是一种系统的、独立的审查，用以确认是否满足相关规定标准要求。*审核*的目的是识别过程安全管理体系中的管理体系本身以及绩效不满足要求的情况，并在事故发生之前采取措施纠正这些不符合的情况。*审核*需要采用明确限定的审核程序以确保一致性，也使得审核员能够得出正确的结论。其补充了 RBPS 中其他要素的内容，如衡量及指标(第 2.19 节)和管理评审与持续改进(第 2.21 节)要素中的控制和监控活动，设备完好性及可靠性和操作守则要素中的检查活动(第 2.11 节和第 2.16 节)。

审核工作通常由审核小组对照已经确定的各项要求，按照特定的方法对一个或多个 RBPS 要素的实施情况进行系统评估。审核工作通常由既定的书面方案引导执行。可以通过审查程序文件及执行记录、对作业活动和作业条件进行直接观察、与负责要素执行或监督的相关人员或受 RBPS 管理系统影响的相关人员进行面谈等方式获取数据。然后对数据进行分析，以评估其合规性，并将评估结论和建议编制成书面报告存档。

需要根据审查范围、需求和其他的一些特殊情形，通过各种渠道选拔一组合格人员来实施审核工作。团队成员可以来自被审核工厂的工作人员，也可以是来自公司其他工厂的人员(如来自另一个工厂或来自公司级的职能部门)，还可以是来自公司外部的人员，例如咨询公司等。作为一名年轻的工程师，虽然你不可能实际负责审核的执行，但可能会参与面谈中，负责为审核员提供信息和文件。

审核是 OSHA PSM 和 EPA RMP 规定中的一个要素，要求对规定的工艺过程至少每三年开展一次审核。审核和审核频率可以按照当地地方或国家规定执行。

2.21 管理评审与持续改进

案例分析：第 2.10 节所述的 Motiva 炼油厂事故由以下多种因素共同所致，大型的工业事故通常如此：

- 当储罐内介质由新鲜硫酸更换为废硫酸后，未对相应的腐蚀性和可燃性危害进行识别和控制；
- 多次提交储罐检查和维修申请，但均被延迟处理或忽略；
- 尽管先前已经出现了由于有毒、可燃气体聚集而未获得作业许可的情况，但动火作业许可证上仍未要求进行环境气体浓度监测。

每一个成因都是管理系统失效的结果(变更管理、设备完好性及可靠性、安全作业规程)，这种管理失效是可以通过适时的管理评审进行识别和纠正的。

概述：*管理评审*是指定期评估管理系统是否按照预期实施，以及是否有效地取得了预期效果。管理评审很多特征与在第 2.20 节中介绍的审核特征相同。与审核相似，管理评审也需要一个详细的时间计划、人员安排，并对所有 RBPS 要素进行有效评估。此外，还应有一套系统来落实评审得出的各项改进或整改措施计划，并验证其有效性。然而，由于管理评审的目的是找出当前或潜在的缺陷，因此与审核相比，评审的范围更广、频次更高，且实施方式相对更灵活。

有效实施是任何过程安全计划的关键。然而，安全管理系统的失效或效率低下并不会立即表现出来，例如，培训协调员意外辞职，规定的培训工作可能中断，在这种情况下，毫无疑问，已经接受过培训的员工仍会继续进行工艺操作，因此，管理系统失效并不会立即表现出来。虽然最终通过审核或者事件调查能够发现培训方面存在的不全面或不及时执行问题，但到那时可能已经为时太晚。管理评审旨在通过定期检查过程安全管理系统的运行状况，以期在审核和事故发生之前，找出并更正当前存在或潜在的缺陷。

2.22 小结

本章介绍了管理体系、风险以及基于风险的过程安全等概念。从基于风险的过程安全体系可以看出，从根本上来说，执行过程安全管理要素的严格程度与工艺过程本身的风险密切相关。CCPS 已经列举出了基于风险的过程安全计划的各个要素，并与现有的美国职业安全与健康管理局和美国环境保护署的过程安全管理法规进行了对比。还对公司内新工程师在一些要素中的角色进行了简要描述。

这些要素就像拼图游戏中紧密连接的图块一样相互补充、共同作用。下文的假定情形将说明这些要素是如何运行的。

假设你是一名化工厂的工程师，此时发生了一起事件或未遂事件，必须进行*事件调查*。在具有良好的*过程安全文化*的公司，未遂事件更易被发现并上报。一次充分的调查需要利用工厂内的适当资源，并且按照需要调用公司内部或外部的专家参与(以及*员工参与*)。调查结果和建议措施会在公司内的工厂进行分享，这样大家都可以从这次事件中吸取经验教训。

阿尔伯特·爱因斯坦将精神错乱定义为一遍一遍地重复做同样的事情却期望得到不同的结果。因此，如果你不想类似事件再次发生，那么就要根据调查获得的建议，对目前正在进行的事情做一些改变。这种改变的范围很广，可能是程序上的改变，也可能是添加新的过程安全控制装置或联锁装置，甚至可能是对工艺过程进行重新设计(包括引入新的工艺设备)。无论如何，你都需要改变一些事情*(变更管理)*，而变更管理的审核需要具有适当专业知识的人员来执行。如果是大范围的变更，特别是在 HIRA 临近更新日期或预计变更可能会引入全新的危害而目前的防护措施不能对其进行防护的情况下，你可能会判断出需要更新 HIRA(*危害识别与风险分析*)。在变更审核期间，甚至在审核之前，你就要确保最终的工艺过程符合标准规范(标准符合性)。新制定或更新的程序必须是书面的(*操作程序*)。新增设备即使只是一个简单的安全联锁，都需要加入维修和检查计划中(*设备完好性*)。需要根据新的程序和工艺过程，对操作人员和可能涉及的维修人员进行培训(*培训及绩效保证*)。管道和设备的变更需要以安全的方式进行(*安全作业规程*)。此外，除事件本身的信息之外，新的信息，如管道和仪表流程图、设备说明书或技术说明等都需要补充到现有的工艺安全信息文件内(*过程知识管理*)。变更之后，在重新启动工艺过程之前，必须进行启动前安全检查(开车准备)。在整个项目结束之后，公司可能会选择对项目进行审查，以确定项目完全按照程序和流程运行，如果没有，需要分析其原因(*衡量及指标*)。

该假定示例并未包含所有要素，但包含了一多半要素，说明了各个要素是如何结合在一起的。

2.23 参考文献

2.1 Process Safety Management(Control of Acute Hazards), Chemical Manufacturers Association, Washington D. C. 1985.

2.2 Guidelines for Technical Management of Chemical Process Safety, Center for Chemical Process Safety, New York, 1989.

2.3 Management of Process Hazards, API Recommended Practice 750(Not Active), American Petroleum Institute, Washington D. C. 1990.

2.4 Guidelines for Risk Based Process Safety, Center for Chemical Process Safety, New York, 2007.

2.5 Combustible Dust Fire and Explosions at CTA Acoustics, Inc. Corbin, Kentucky February 20, 2003; U. S. Chemical Safety and Hazard Investigation Board, February 15, 2005. (http://www.csb.gov/index.cfm? folder=completed_investigations&page=info&INV_ID=35)

2.6 American Petroleum Institute, 1220 L Street, NW, Washington, DC 20005. www.api.org

2.7 American Chemistry Council 1300 Wilson Blvd., Arlington, VA 22209. (www.americanchemistry.com)

2.8 ISO 12001-Environmental Management System, International Organization for Standardization (ISO), Geneva, Switzerland. (www.iso.org/iso/en/iso9000-12000/index.html)

2.9 OHSAS 18001-International Occupational Health and Safety Management System. (www.ohsas-18001-occupational-health-and-safety.com)

2.10 Organization for Economic Cooperation and Development-Guiding Principles on Chemical Accident Prevention, Preparedness, and Response, 2nd edition, 2003, Organization for Economic Co-Operation and Development, Paris, 2003. (www.oecd.org/guidingprinciples/index.asp)

2.11 American National Standards Institute, 25 West 23rd Street, New York, NY 10036. (www.ansi.org)

2.12 American Society of Mechanical Engineers, Three Park Avenue, New York, NY 10016. (www.asme.org)

2.13 The Chlorine Institute, 1300 Wilson Blvd., Arlington, VA 22209. (www.chlorineinstitute.org)

2.14 The Instrumentation, Systems, and Automation Society, 67 Alexander Drive, Research Triangle Park, NC 27709. (www.isa.org)

2.15 National Fire Protection Association, 1 Batterymarch Park, Quincy, MA, 02169. (www.nfpa.org)

2.16 Process Safety Management of Highly Hazardous Chemicals(29 CFR 1910. 119), U. S. Occupational Safety and Health Administration, May 1992. (www.osha.gov)

2.17 Section 5(a)(1)-General Duty Clause, Occupational Safety and Health Act of 1970, Public Law 91-596, 29 USC 652, December 29, 1970. (www.osha.gov)

2.18 Accidental Release Prevention Requirements: Risk Management Programs Under Clean Air Act Section 112(r)(7), 20 CFR 68, U. S. Environmental Protection Agency, June 20, 1996 Fed. Reg. Vol. 61[31667-31730]. (www.epa.gov)

2.19 Clean Air Act Section 112(r)(1)-Prevention of Accidental Releases-Purpose and general duty, Public Law No. 101-529, November 1990. (www.epa.gov)

2.20 California Accidental Release Program(CalARP) Regulation, CCR Title 19, Division 2-Office of Emergency Services, Chapter 2.5, June 28, 2002. (www.oes.ca.gov)

2.21 Toxic Catastrophe Prevention Act (TCPA), New Jersey Department of Environmental Protection Bureau of Chemical Release Information and Prevention, N. J. A. C. 7: 31 Consolidated Rule Document, April 17, 2006. (www.nj.gov/dep)

2.22 Contra Costa County Industrial Safety Ordinance. (www.co.contra-costa.ca.us)

2.23 Extremely Hazardous Substances Risk Management Act, Regulation 1201, Accidental Release Prevention Regulation, Delaware Department of Natural Resources and Environmental Control, March 11, 2006. (www.dnrec.delaware.gov)

2.24 Chemical Accident Prevention Program (CAPP), Nevada Division of Environmental Protection, NRS 259.380, February 15, 2005. (http://ndep.nv.gov/bapc/capp)

2.25 Australian National Standard for the Control of Major Hazard Facilities, NOHSC: 1012, 2002. (www.docep.wa.gov.au)

2.26 Environmental Emergency Regulations(SOR/2003-307), Environment Canada. (www.ec.gc.ca/CEPARegistry/regulations/detailReg.cfm? intReg=70)

2.27 Control of Major-Accident Hazards Involving Dangerous Substances, European Directive Seveso II(96/82/EC). (http://europa.eu.int/comm/environment/seveso)

2.28 Korean OSHA PSM standard, Industrial Safety and Health Act-Article 20, Preparation of Safety and Health Management Regulations. Korean Ministry of Environment-Framework Plan on Hazardous Chemicals Management, 2001-2005. (www.kosha.net/jsp/board/viewlist.jsp? cf=29099&x=19565&no=3)

2.29 Malaysia-Department of Occupational Safety and Health (DOSH) Ministry of Human Resources Malaysia, Section 16 of Act 512. (http://dosh.mohr.gov.my)

2.30 Mexican Integral Security and Environmental Management System(SIASPA), 1998. (www.pepsonline.org/Publications/pemex.pdf)

2.31 Control of Major Accident Hazards Regulations(COMAH), United Kingdom.

2.32 EPA/OSHA Joint Chemical Accident Investigation Report, Napp Technologies, Inc., Lodi, New Jersey, EPA 550-R-97-002, United States Environmental Protection Agency, October 1997. (http://www.epa.gov/oem/docs/chem/napp.pdf)

2.33 Report of the Longford Royal Commission, Government Printer for the State of Victoria, 1999. (http://www.parliament.vic.gov.au/papers/govpub/VPARL1998-99No61.pdf)

2.34 Guidelines for Hazard Evaluation Procedures (Third Edition with Worked Examples), Center for Chemical Process Safety, New York, 2008.

2.35 Layer of Protection Analysis-Simplified Process Risk Analysis, Center for Chemical

Process Safety, New York, 2001.

2.36 Guidelines for Chemical Process Quantitative Risk Analysis (Second Edition), Center for Chemical Process Safety, New York, 1999.

2.37 Guidelines for Initiating Events and Independent Protection Layers, Center for Chemical Process Safety, New York, 2015.

2.38 Chemical Accident Investigation Report-Terra Industries, Inc. Nitrogen Fertilizer Facility, Port Neal, Iowa, U. S. Environmental Protection Agency, Region 7, Emergency Response and Removal Branch, Kansas City, Kansas, issued January, 1996.

2.39 U. S. Chemical Safety and Hazard Investigation Board, Case Study, Report No. 2001-05-I-DE, Refinery Incident, Motive Enterprises LLC Delaware City Refinery, Delaware City, DE, July 17, 2001. (http://www.csb.gov/motiva-enterprises-sulfuric-acid-tank-explosion)

2.40 U. S. Chemical Safety and Hazard Investigation Board, Interim Investigation Report, Chevron Richmond Refinery Fire, Chevron Richmond Refinery, Richmond, CA, August 6, 2012. (http://www.csb.gov/assets/1/19/Chevron_Interim_Report_Final_2013-04-17.pdf)

2.41 Incidents That Define Process Safety, Center for Chemical Process Safety, New York, 2008.

2.42 M. Elisabeth Pate-Cornell, Learning from the Piper Alpha Accident: A Postmortem Analysis of Technical and Organizational Factors, Risk Analysis, Vol. 13, No. 2, 1993, p. 215-232.

2.43 Lees, Frank P., Loss Prevention in the Process Industries, Hazard Identification, Assessment, and Control, 2nd edition, Butterworth-Heinemann, Oxford, England, 1996.

2.44 Guidelines for Managing Process Safety during Organizational Change, Center for Chemical Process Safety, New York, 1999.

2.45 EPA Chemical Accident Investigation Report-Tosco Avon Refinery, Martinez, California, EPA550-R-98-009, U. S. Environmental Protection Agency Chemical Emergency Preparedness and Prevention Office, Washington, DC, 1998.

2.46 Stephens, Hugh W., The Texas City Disaster, 1947, University of Texas Press, Austin, TX, 1997.

2.47 Center for Chemical Process Safety (CCPS), Process Safety Leading and Lagging Metrics-You Don't Improve What You Don't Measure, January 2011. (http://www.aiche.org/sites/default/files/docs/pages/metrics%20english%20updated.pdf)

2.48 American Petroleum Institute, ANSI/API Recommended Practice 754, Process Safety Performance Indicators for the Refining and Petrochemical Industries, First Edition, Washington D. C., 2010.

2.49 Mars Climate Orbiter Mishap Investigation Board-Phase I Report, National Aeronautics and Space Administration, Washington D. C. November 10, 1999.

3 过程安全需求

过程安全管理系统的失效是致命且昂贵的。随着时间的推移，重大的过程安全事件引起了公众对过程工业的极大关注，对过程安全的需求也不断增大。例如，成立 CCPS，即本书(以及其他约 120 种关于过程安全的书籍)的出版机构，便是对 1984 年印度博帕尔异氰酸甲酯泄漏案(第 3.15 节)的行业响应，这场事故导致 3000 多人死亡，数十万人受伤，民间评估数据更高。同样也是在 1984 年，墨西哥城的一个 Pemex 液化石油气终端(第 3.14 节)发生火灾和爆炸，造成 600 多人死亡，约 7000 人受伤。除人员伤亡外，过程安全事件还会造成严重的环境破坏。1986 年，瑞士巴塞尔的桑多兹仓库发生火灾(第 3.12 节)，事故导致了大量不同化学物质的释放，其中包括很多杀虫剂，莱茵河内长达 400km(250miles)的水生生物遭到了大规模的破坏，以至于当地长达 6 个月禁止捕鱼。

这些事件的发生提高了公众对化工和石化工厂潜在危害的认识，同时也降低了公众对此类事件的容忍度。回想埃克森瓦尔迪兹石油公司搁浅和漏油事件(第 3.13 节)或英国石油公司位于墨西哥湾的马孔多油井火灾和漏油事件(第 3.16 节)，事故的发生伴随着 24h 新闻和实时播报，除了负面宣传和对公司形象的损害外，每起事故清理成本和罚款都高达数十亿美元。这些事故带来的教训也助推了过程安全理念的发展和扩张，使其达到现今的水平，并持续推动着过程安全管理概念的发展和普及。

学生和新人工程师可以从多个渠道查找事故报告，美国化学品安全和危害调查委员会(CSB)官网(www.csb.gov)是一个非常实用的资源网站。CSB 是一家美国政府机构，负责调查工业设施的化学事故，其调查报告可以从其网站下载。此外，CSB 还创建了一系列介绍过程安全事件的视频，截至 2015 年，有 70 多份报告和 30 多个视频可用(视频在 CSB 网站和 YouTube 上都可以查看)。CSB 视频列表请参阅附录 B。

CCPS 书籍，“定义过程安全的事件”(IDPS)(参考文献 3.1)记载了更多的相关事件。IDPS 手册还收录了化工和石化以外的其他行业的事件，说明很多过程安全要素对于安全运行具有普遍适用性。

了解事件案例的另一本参考书籍是《*李氏过程工业失效预防*》[*Incidents That*

Define Process Safety(*IDPS*)](参考文献 3.2)。这套书籍共三册，在其附录中列举了很多事故案例，其中对事故的描述比 CSB 出版物更偏向技术性，可能对学生和新工程师同样有用。李氏书籍可在化学工程系的图书馆中找到。

还有一个学习事故案例和教训的资源是“CCPS 过程安全警示灯”“CCPS 过程安全警示灯”旨在向工厂操作员和其他生产人员传递过程安全信息。“警示灯”每月发布一次，揭示真实事件、分析经验教训并列举工厂生产中预防类似事件的实际措施。学生可以通过安全与化学工程教育(SAChE)在线文件(http://sache.org/beacon/products.asp)访问已发布的“警示灯”。

下一节将介绍从 IDPS 手册、CSB 调查和其他资源中选取的一些事件。在对事件进行描述之后，在主要经验教训部分，对事故中涉及的基于风险的过程安全要素(第 2 章)进行识别。表 3.1 列出了每个事件凸显的 RBPS 管理系统要素。

表 3.1 选取的事件及过程安全管理系统

事件	基于风险的过程安全核心要素			
	过程安全承诺	理解危害和风险	风险管理	从经验中学习
2005 年 BP 得克萨斯炼油厂爆炸事件	过程安全文化	过程知识管理； 培训及绩效保证	变更管理； 设备完好性及可靠性	
1990 年 ARCO Channelview 爆炸事件			变更管理； 设备完好性及可靠性	
2003 年哥伦比亚号航天飞机事件	过程安全文化	危害识别与风险分析		
1999 年 Concept Sciences 爆炸事件		过程安全知识管理； 危害识别与风险分析		
1998 年 Esso Longford 天然气厂爆炸事件	过程安全能力	危害识别与风险分析	变更管理	
1994 年 Port Neal 硝酸铵爆炸事件		危害识别与风险分析	操作程序	
1988 年 Piper Alpha 钻井平台爆炸事件			安全作业规程； 应急管理	
2006 年 Partridge Raleigh 油田爆炸事件	标准符合性		安全作业规程； 承包商管理	

续表

事件	基于风险的过程安全核心要素			
	过程安全承诺	理解危害和风险	风险管理	从经验中学习
1994 年 Texaco 米尔福德港事件			设备完好性及可靠性	
2004 年 Formosa Plastics VCM 爆炸			操作守则变更管理； 培训和绩效保证应急管理	
1974 年 Flixborough 爆炸事件	标准符合性		变更管理	
1986 年山度士化工厂火灾事件			应急管理	
1989 年埃克森瓦尔迪兹号事件			操作守则； 变更管理	
1984 年 Pemex 液化石油气爆炸	标准符合性			
2010 年 Macondo 油井事件	过程安全文化			事件调查
1984 年博帕尔异氰酸甲酯泄漏事件	过程安全文化	危害识别与风险分析	变更管理	

瑞士奶酪模型：在事故案例中，我们往往会发现所有事件的发生都是由几个故障共同导致的，这种现象通常可以用“瑞士奶酪”模型描述。多年来，安全专家一直使用 James Reason 提出的瑞士奶酪模型(参考文献 3.3)作为解释灾难性事件的一种理论。

该模型可以帮助过程工业的管理人员和员工了解可能导致事故或未遂事故发生的事件、故障和决策。图 3.1 描绘了所有保护层都存在漏洞的状态。当一系列例外情况发生时，这些漏洞排列起来，就会导致事故的发生。我们在图中将保护层以奶酪片的样子呈现，奶酪中的孔代表保护层中的潜在故障：

- 设计、施工、调试、运行或维护期间的人为失误；
- 管理决策；
- 单点设备故障或失效；
- 知识缺乏；
- 管理系统缺陷，如未能进行危害分析、未能识别和管理变更或对之前已知的各类事故预警信号的学习跟进不足。

如图 3.1 所示，事故通常是多重危害控制措施的同时失效的结果。管理系统包括保护和防止故障发生的物理安全装置或计划方案，有效的过程安全管理系统可以减少每个保护层中漏洞的数量和尺寸。

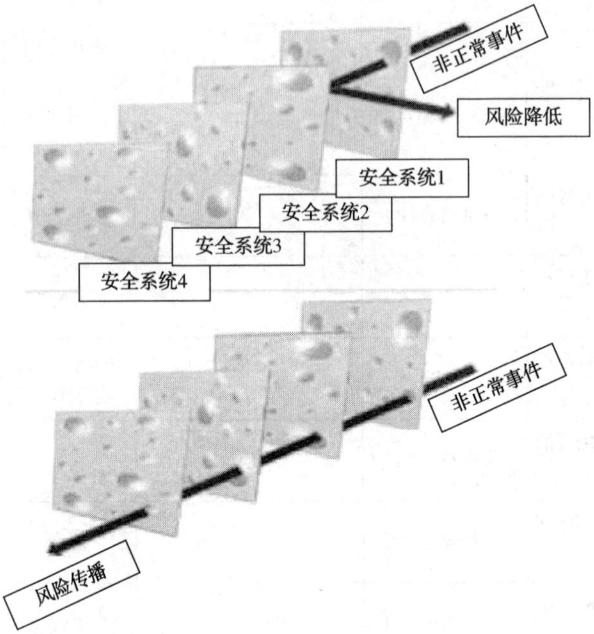

图 3.1　瑞士奶酪模型(参考文献 3.1)

通常情况下，参考文献会放在章节末尾，本章在每个事件后列出了相关的参考文献，以便想了解事件更多信息的读者可以进行深入研究。

3.1　过程安全文化：BP 得克萨斯炼油厂爆炸事故，2005 年

3.1.1　事故概况

2005 年 3 月，英国石油公司的得克萨斯城炼油厂的异构化装置(ISOM)在一次大修后的开车过程中发生爆炸，事故导致 15 名承包商死亡，170 多人受伤，ISOM 以及邻近厂房和设备遭到了严重破坏。

承包商所处的移动板房被用来服务相邻厂房的大修，位于非受控区域，即不需要实行任何动火许可和用电管制的安全区域(CCPS，2008 年)。

3.1.2　事故详细经过

ISOM 系统工艺流程图见图 3.2。以下内容摘自 CSB 报告对该事故的描述：

在开车期间，操作人员将易燃液态烃原料泵入蒸馏塔中超过3h，而没有进行液体排放，这一做法违背了开车程序规定。该蒸馏塔主要警报器和控制仪表均出现指示错误，未能向操作人员发出高液位警报，导致在操作人员毫不知情的情况下，170ft(52m)高的蒸馏塔被液体充满，液体随即溢入塔顶的高架管道中。

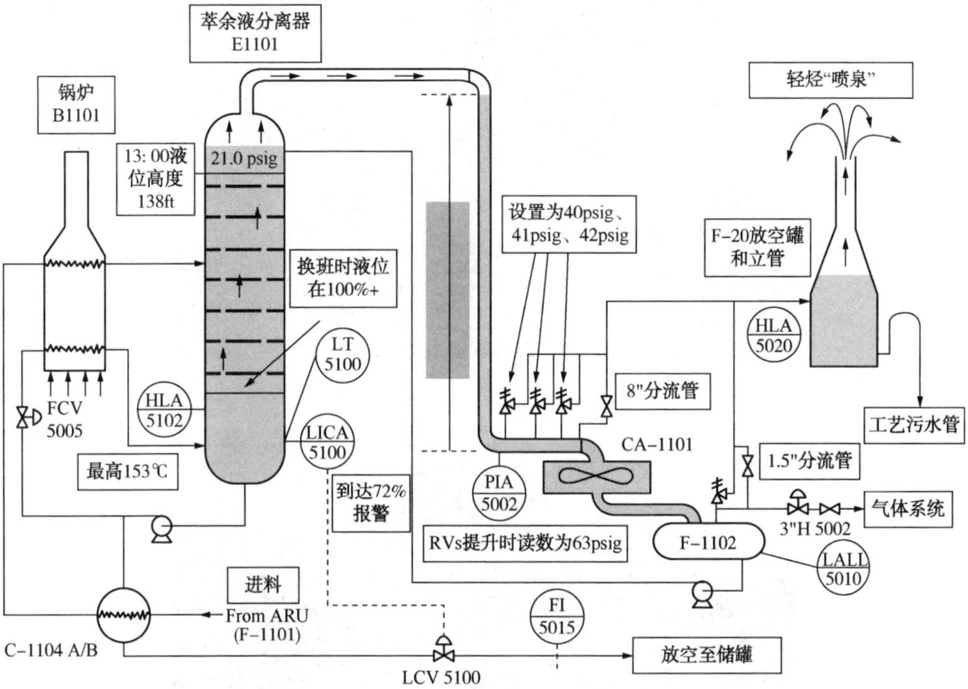

图3.2 抽余液塔和放空罐工艺流程图(来自CCPS，2008年)

塔顶管线从塔的侧面向下延伸，在下方148ft(45m)处设置有泄压阀，管线充满液体后，底部的压力迅速从约21lbf/in^2(psi)上升到约64lbf/in^2(psi)，迫使三个安全阀打开6min，将大量易燃液体排放到了放空罐里，放空罐设有通往大气的通风立管，液体很快充满了放空罐和立管，并且通过34.4m高的放空管，像喷泉一样洒落到地面上。这种放空系统是一种过时的不安全的设计，该系统最初安装于20世纪50年代，但未与火炬系统连接，从而无法通过火炬系统安全地储存过程中泄漏的液体、或燃烧掉过程中泄漏的易燃气体。

泄漏出来的挥发性液体落地后蒸发，形成可燃气体蒸气云，最有可能点燃蒸气云的点火源是一辆未熄火的柴油皮卡车，停在离放空罐约25ft(7.6m)的地方。在爆炸中丧生的15名员工是在临时活动板房内以及附近工作的承包商，这些活动板房是由BP在之前放置的，距离放空罐121ft(37m)(CSB，2007年)。

图 3.3 和图 3.4 分别显示了装置和移动板房的损坏情况。

图 3.3　事故后 ISOM 单元情况(图片来自 CSB)

图 3.4　承包商所在的移动板房被摧毁(图片来自 CSB)

3.1.3　事故原因

英国石油公司的事件调查结论："尽管存在多项违背开车程序的问题，但导致事故发生的关键是在持续给塔内进料和加热，同时未能将重质萃余液排空至储罐。当开始排放液体时，分离器底部温度已经过高，塔内液位也已经过高，这种状态给进料增加了大量的热量，使情况变得更糟。"(CCPS，2008 年)

调查小组得出的结论：由于"3 月 23 日轮班操作员没有充分了解工艺，或未认识到其行为或不作为的潜在后果"，导致分离器被过量填充，过度加热。

3.1.4 事故主要教训

BP得克萨斯炼油厂的爆炸事故起因中包含了很多基于风险的过程安全要素，这里列出了五个。除非另有说明，以下调查结果皆直接摘取自CSB报告。

过程安全文化(第2.2节)：过程安全文化是20个基于风险的过程安全要素中的第一要素(见第2章)。CSB的调查结果中，最引人注目的也许就是有关BP和得克萨斯炼油厂的过程安全文化部分。下面列出了CSB关于BP过程安全文化的一些发现，其中一些问题可以很容易地在其他公司中发现。CSB建议BP成立一个"独立专家小组来审查BP的企业安全管理体系、安全文化以及对北美炼油厂的监管"。BP根据建议成立了后来被人们熟知的贝克小组。贝克小组的报告侧重于BP的安全管理体系，并形成了10条给BP董事会的建议(BP审查小组，2007年)。

CSB调查报告节选：

- 削减成本、安全投入不足以及BP集团管理层施加的产量压力削弱了得克萨斯炼油厂的过程安全绩效；
- BP董事会没有对BP公司的安全文化和重大事故预防机制实施有效的监督，董事会没有人负责评估和验证BP重大事故危害预防机制的落实情况；
- 仅以得州城的低人身伤害率作为安全指标，不能反映过程安全绩效和安全文化健康的真实状况；
- 得克萨斯市普遍存在"形式主义"态度，员工机械地完成台账工作，不经核实即"勾选"已满足安全方针和程序要求。

贝克小组调查报告节选：

- "BP公司未能在其美国炼油厂中构建普遍一致的过程安全文化，每个炼油厂都拥有自己独立的、不同的过程安全文化。尽管部分炼油厂在推进过程安全方面取得了比其他炼油厂更加有效的成果，但是其在美国包括得克萨斯市炼油厂在内的全部五家炼油厂都存在着重大的过程安全文化问题。虽然这五家炼油厂没有一致的过程安全文化，但它们却存在一些相似的缺陷，专家组在每个炼油厂都发现了操作纪律不足、对严重违反安全操作规程的操作熟视无睹以及面对严重的过程安全风险而又安于现状的状况。"

过程知识管理(第2.7节)：1999年，作为并购Amoco公司的一部分，英国石油公司收购了得克萨斯炼油厂。尽管一系列事件警告显示放空罐和排空管不安全，Amoco(前工厂运营商)和BP都没有对其进行更换。1992年，OSHA便指认放空罐和排空管为不安全设备，但该指认被作为和解协议的一部分而被撤销，因此放空罐没有按照建议连接到火炬。Amoco以及后续的BP都制定了相应安全规定，要求在进行重大改造时，用诸如火炬之类的设备替换排空管。1997年，在一次大修中曾用类似设备取代 ISOM 的放空罐和排空管，但 Amoco 还是没有将其连接到火炬。2002 年，BP 工程师建议将 ISOM 放空系统连接到火炬，但最终选择了成本更低的方案。

培训及绩效保证(第 2.13 节)

• 开车期间是个特别危险的时段，在开车期间缺乏监管监督和受训技术人员，有违 BP 的安全准则。尽管人力评估建议所有 ISOM 开车都要增配一名内操员，但最终还是没有另外指派内操人员来协助开车。

• 换班期间，主管和操作员对开车的关键信息未充分交接；BP 对操作人员没有作出换班交接要求。ISOM 操作员可能因为连续 29d 或更长的 12h 轮班制而导致疲劳。

• 操作员培训方案不充分。主要培训部门员工从 28 人减少到 8 人，没有模拟器可以供操作人员练习处理异常情况，包括非常规操作和高危作业，如开车和设备单元故障。

变更管理(第 2.14 节)

• BP 得克萨斯炼油厂未对变更进行有效评估，包括涉及人员、政策或组织的变更对过程安全的影响。例如，控制室负责监管 3 个装置的工作人员由 2 人减为 1 人，BP 得克萨斯炼油厂未对其进行评估。

• 场地变更管理规定要求在工艺装置 100m(350ft)范围内设置移动板房时，必须进行设施选址分析。然而，该位置已经多次用于停放活动板房，却未对其进行有效的 MOC，使移动板房中的人员承受了非必要的风险(CCPS，2008 年)。

设备完好性及可靠性(第 2.11 节)

• 尽管塔的液位计、液位视镜和安全阀报告故障，但工艺装置仍然开车了；

• BP 机械完整性方案的缺陷导致了工艺设备“走向失效”。

3.1.5 参考资料及事件调查报告链接

• CSB, 2007. U. S. Chemical Safety and Hazard Investigation Board, Investigation Report, Report No. 2005-04-I-TX, Refinery Explosion and Fire. BP Texas City, Texas. March 23, 2007. (http://www.csb.gov/investigations)

• U. S. Chemical Safety and Hazard Investigation Board, Video-Anatomy of a Disaster. (http://www.csb.gov/videos)

• BP Review Panel, 2007. The Report of the BP U. S. Refineries Independent Safety Review Panel, January 2007, (Baker Panel). (http://www.bp.com/liveassets/bp_internet/globalbp/globalbp_uk_english/SP/STAGING/local_assets/assets/pdfs/Baker_panel_report.pdf)

• CCPS, 2008. “Incidents That Define Process Safety”, Center for Chemical

Process Safety, New York, 2008.

- CCPS, Process Safety Beacon, Facility Siting, March 2010 (http://sache.org/beacon/products.asp)

- CCPS, Process Safety Beacon, Instrumentation-Can You Be Fooled By It? (http://sache.org/beacon/products.asp)

3.2 设备完好性及可靠性：ARCO Channelview，得克萨斯爆炸，1990年

3.2.1 事故概况

一个盛装含碳氢化合物和过氧化物的工艺废水的废水罐，在废气压缩机重新启动时发生爆炸。在设备维护期间减少了正常的氮气吹扫，而临时的氧气分析仪又未能检测到积聚的可燃气体。当压缩机重新启动时，碳氢化合物和氧气的可燃混合物被吸入并点燃，火焰闪回到罐顶点燃了受限空间内的蒸气，引发爆炸，造成17人死亡，财产损失估计为1亿美元。

3.2.2 事故详细经过

90×10^4gal的废水储罐储存着来自环氧丙烷和苯乙烯工艺过程中产生的废水，这些工艺产生的过氧化物和腐蚀性副产物经过数千英尺的管道进入储罐，在储罐中混合。储罐水表通常会有一层碳氢化合物析出物，因此使用氮气吹扫来保持储罐内的气体空间处于惰性氛围。此外，在碳氢化合物被排到深井之前还会用废气压缩机抽出烃蒸气。图3.5展示了其工艺方案。

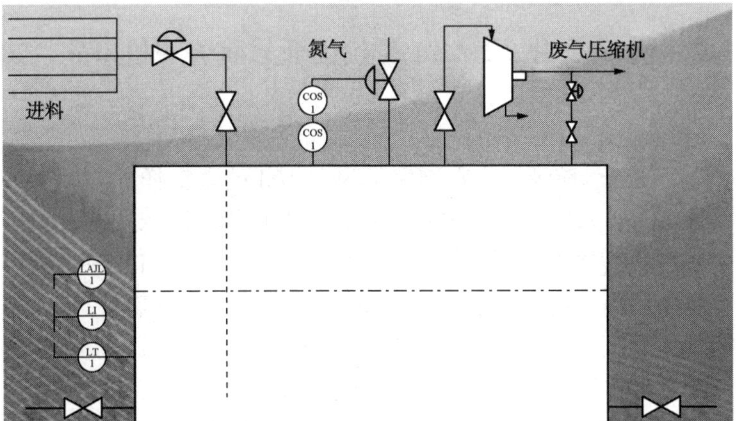

图3.5 废水储罐工艺流程图

该废水储罐因充氮压缩机维修而停用，维修期间在两个顶梁之间加装了一个临时氧气分析仪，并且规定如果检测到氧气水平偏高就增加氮气吹扫。在此期间，氧气分析仪出现故障，显示了错误的低读数，导致进入罐内的氮气吹扫气体正常流量减少。爆炸前34h，氮气吹扫停止。因此，氮气吹扫不足，未能防止罐顶和通往压缩机的管道中易燃气体的积聚。当压缩机重新启动时，易燃气体被吸入并点燃，火苗闪回到储罐导致罐顶爆炸。

装置重建时，对新废水罐进行了加压排气处理，排出的气体被输往火炬；安装了冗余氧气分析仪，设置了备用氮气设备；完善了氧气分析仪和其他重要安全设备的预防性维护方案；确定了关键工艺安全参数，以便对储罐进行持续监控。

3.2.3 事故原因

氧气分析仪故障，操作人员未注意到氮气吹扫停止。

3.2.4 事故主要教训

设备完好性及可靠性(第2.11节)：需要识别安全关键设备，并制定预防性维护计划来检验相关设备的可靠性。

操作守则(第2.16节)：操作人员应该识别和监控安全操作参数。了解和管控辅助作业的风险与其他工艺风险同样重要，例如本次事故中的废水储罐，仅使用一台氧气分析仪就使得设备成了单保险安全关键系统。在设计安全系统时，工程师应考虑安全关键系统的可靠性水平，并配置必要的冗余度。

3.2.5 参考资料及事件调查报告链接

- A Briefing on the ARCO Chemical Channelview Plant July 5, 1990 Incident, ARCO Chemical Company, January 1991.

3.3 过程安全文化：NASA哥伦比亚号航天飞机事故，2003年

3.3.1 事故概况

NASA哥伦比亚号航天飞机在结束了为期16d的太空任务之后，于返回地球着陆前的16min解体坠毁。在发射过程中，一大片绝缘泡沫从航天飞机与外部燃料箱衔接的区域脱落并撞击到左翼前缘。事故发生后，人们发现热防护板上有一个碎片在太空中脱离了机翼。在返程的关键时期，航天飞机与大气层剧烈摩擦产生的超高温气体进入左机翼，熔化了内部结构，导致动力系统被破坏，最终解体(图3.6)，七名宇航员全部丧生。在哥伦比亚号信号消失的2h内，按照17年前挑战者灾难后的调查程序成立了哥伦比亚事件调查委员会(CAIB)。(CCPS，2008年)

图 3.6 哥伦比亚号航天飞机解体(图片来自 NASA)

3.3.2 事故详细经过

哥伦比亚号于 2003 年 1 月 16 日第 28 次发射升空，在飞行 81.7s 后，一大块绝热泡沫脱落，撞击到航天飞机左翼前缘(图 3.7)。

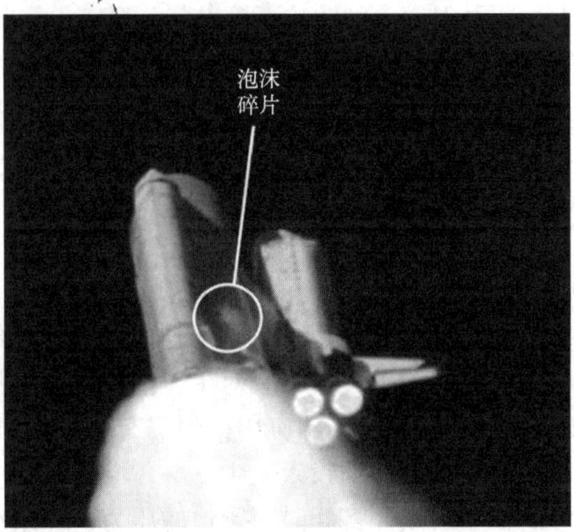

图 3.7 撞击哥伦比亚左翼后的泡沫碎片(发射时并未观测到，图片来自 NASA)

机组和地面工作人员当时并未注意到这一事件，直到第二天对发射照片和视频进行详细检查后才发现。事件的发生引起了足够的重视，随后成立了碎片评估小组，以判定该事件是否对航天飞机造成了严重损害。但是随着航天任务的继续，机组和地面工作人员都没有发现任何不利影响。他们不知道的是，在发射后的第二天，一个物体从航天飞机脱落，在事故发生后的调查显示，该物体的雷达信号与航天飞机左翼 $140in^2$($900cm^2$)的保护板碎片一致。当航天飞机返回时，经过大气层，剧烈摩擦产生的超高温气体进入左机翼后破坏了航天飞机内部结构，航天器失去气动控制导致解体。

一个显著的问题是，一块轻质泡沫材料如何能够对专为最具破坏性的操作环境而设计、像航天器这样强大的物体带来致命损伤？计算表明，在分离时，泡沫以与哥伦比亚相同的速度行进——约 1568miles/h(700m/s)，脱落泡沫的急剧减速和航天飞机的持续加速解释了为什么会有这么严重的撞击。调查还发现，之前所有的航天飞机都发生过绝缘泡沫脱落的事件，从“爆米花”大小的碎片到“公文包”大小的碎块，大小不一。在约10%的飞行中，泡沫脱落都发生在双脚架区域。最初的设计团队非常担心泡沫脱落会对航天飞机造成致命伤害，在大型外部燃料箱的说明书上就写明了“在发射台上或上升过程中不得有碎屑从外部油箱的临界区域脱落”，然而人们却忽略了对航天飞机机翼前缘进行保护。在第一次航天任务中，哥伦比亚号的防护陶瓷片受到了很大的破坏——超过 300 块必须更换。一名工程师表示，如果他们事先知道撞击后碎片散溅的程度，很难允许航天飞机起飞。

在过去的十年里，美国国家航空航天局承受着巨大的成本降低压力，损失了大约40%的预算和人力。部分原因是，美国国家航空航天局将其大部分运营责任移交给了一个承包商，将其对安全问题的直接参与转变成了更间接性的监管角色。NASA 管理人员持续在强调安全的重要性，但他们的行动却显示了相反的信号。

尽管削减了开支，但仍有一些人施加压力，要求航天飞机项目如期进行，特别是完成国际空间站(ISS)。项目长期的未来不确定性导致投资减少，安全升级被推迟或搁置。CAIB 发现，基础设施的退化被默认接受，项目的运行太过于追求利润。

3.3.3 事故原因

技术原因：从技术上讲，事故原因是双脚架连接处的泡沫绝缘失效。除了在装配大楼和太空中心进行目视检查外，没有对手工泡沫进行无损检测(NDT)，尽管泡沫 NDT 技术已在其他方面得到成功应用，但仍有失效的可能性。CAIB 得出结论，对泡沫制造和失效模式的认识投入太少。

文化原因：尽管面临着削减开支和时间紧迫的压力，该组织仍然为其团队具有“我能做”的态度而自豪，这种态度无疑促成了之前的成功，但这也造就了“偏差常态化”的现象。经过多次观察发现，泡沫的失效不会产生显著的影响，这就使得泡沫失效逐渐成为每一次飞行可接受的部分。而随着每一次成功着陆，最初的担忧似乎都消失了。

CAIB 报告中有这样一段话：

“对安全有害的文化特质与组织实践有了滋生土壤，包括：依赖过去的成功来取代充分的工程实践(如通过检测了解系统为什么没有按要求运行)；组织屏障阻碍了关键安全信息的有效沟通，抑制了不同专业意见的表达；缺乏跨项目综合管理的要素；非正式的指挥系统和决策流程的变化，扼杀了专业人士的意见分歧；在组织规则之外的决策过程。”(CAIB，2003年)。

3.3.4 事故主要教训

过程安全文化(第2.2节)：这一要素也是BP得克萨斯城事故(第3.1节)的关键原因。良好安全文化的一个重要方面是保持危机意识。NASA安全文化差的一个例子就是碎片评估小组拒绝了航天飞机在轨道飞行期间对机翼成像的要求。该小组根据建模断言：“在重返大气层时很可能会发生一些局部热损伤，但是这些热损伤并不意味着一定会造成结构损伤。”航天任务管控小组最终得出结论，碎片撞击是一个“回转”的问题。正如CAIB报告中所述：“实施高风险操作的组织必须始终保持适当的‘失败恐惧’——所有操作必须被证实是安全的，没有任何商量余地，而NASA没有落实操作安全举证责任。”

CAIB报告中发现：

• “NASA的安全文化已变得被动、自满，并被不合理的乐观主义所支配。随着时间的推移，旨在增加安全性的独立检查和平衡机制慢慢和无意地被削弱了，取而代之的是产生大量数据和毫无根据的共识，但缺乏有效沟通的各种详细流程。成功应对高风险技术的组织都创建并维持有一个纪律严明的安全系统，能够识别、分析和控制整个技术生命周期中的危害。”

3.3.5 参考资料及事件调查报告链接

CAIB报告可在网上获取，报告还包含了几个视频片段，如实际泡沫打击和冲击测试。

• Columbia Accident Investigation Board，(2003) Volume 1.(http://www.nasa.gov/columbia/caib/html/start.html)

• Columbia Incident Investigation Board，(2003) Volume 1，movie clips.(http://www.nasa.gov/columbia/caib/html/movies.html)

• CCPS，“Incidents That Define Process Safety”，Center for Chemical Process Safety，New York，2008.

• CCPS，Process Safety Beacon，Process Safety Culture，June 2007.(http://sache.org/beacon/files/2007/06/en/read/2007-06-Beacon-s.pdf)

3.4 过程知识管理：概念科学爆炸，宾夕法尼亚州汉诺威镇，1999年

3.4.1 事故概况

1999年2月19日下午8点14分，在宾夕法尼亚州阿伦敦附近的概念科学公

司(CSI)生产设施，一个含有数百磅羟胺(HA)的工艺容器爆炸。事故发生时，概念科学公司新建装置操作人员正在对羟胺和硫酸钾的水溶液进行蒸馏处理，生产第一批的商业产品羟胺。蒸馏工序完成后，该部分工艺停止运行，由于高温和浓度过高，工艺储罐及附属管线内的羟胺发生了爆炸性分解。

爆炸事故造成概念科学公司的4名员工和附近公司的1名工作人员死亡，概念科学公司的2名员工因爆炸冲击波造成重伤，附近建筑物内的4人受伤，另有6名消防人员和2名安保人员在应急响应过程中受伤。

生产装置严重损坏(如图3.8所示)。爆炸还对莱哈谷工业园的其他建筑造成了严重破坏，并震碎了附近几户人家的窗户(CSB，2002年)。

图3.8 汉诺威概念科学装置破坏(图片来自Tom Volk，The Morning call)

3.4.2 事故详细经过

羟胺是氨的氧化衍生物，化学式为NH_2OH。羟胺通常为不稳定的白色大片状或针状结晶，在高浓度或高温情况下容易发生爆炸性分解，在空气中加热至70℃以上时可能发生爆炸。透明质酸通常以50%(质量分数)或更低的水溶液出售。CSI的材料安全数据表(MSDS)指出，“当水被去除或蒸发，且HA浓度接近约70%时，存在火灾和爆炸危险”(CSI，1997年)。HA可以通过与金属和氧化剂接触而点燃。

CSI开发了一个四步流程来制造50%(质量分数)的HA：

(1) 硫酸羟基磷灰石和氢氧化钾反应生成30%(质量分数)的羟基磷灰石和硫酸钾水泥浆：

反应式：

$$(NH_2OH)_2 \cdot H_2SO_4 + 2KOH \xlongequal{\quad} 2NH_2OH + K_2SO_4 + 2H_2O$$

硫酸羟胺　　　　　　　　　羟胺

（2）过滤泥浆，去除沉淀硫酸钾固体；

（3）真空蒸馏30%（质量分数）溶液中的透明质酸，将其与溶解的硫酸钾分离，得到50%（质量分数）透明质酸蒸馏物；

（4）通过离子交换柱净化蒸馏液。

蒸馏过程如图3.9所示。加注罐是一个2500gal（9.5m^3）的储罐，在第一阶段，通过泵加压使30%（质量分数）的羟胺溶液自进料罐至加热塔（管壳式玻璃换热器）进行循环，羟胺从加热塔顶部进入管程，自上而下返回至供料罐的过程中被49℃的蒸馏水加热。从加热塔出来的蒸气进入冷凝塔冷凝，而馏出物（初期主要成分是水，含有一部分羟胺）直接进入初期馏出物储罐。当初期馏出物储罐中的羟胺浓度达到10%（质量分数）时，馏出物进入成品罐，在成品罐中聚集，直至供料罐中羟胺浓度达到80%~90%（质量分数）。此时，应使用30%（质量分数）的HA溶液冲洗进料罐。

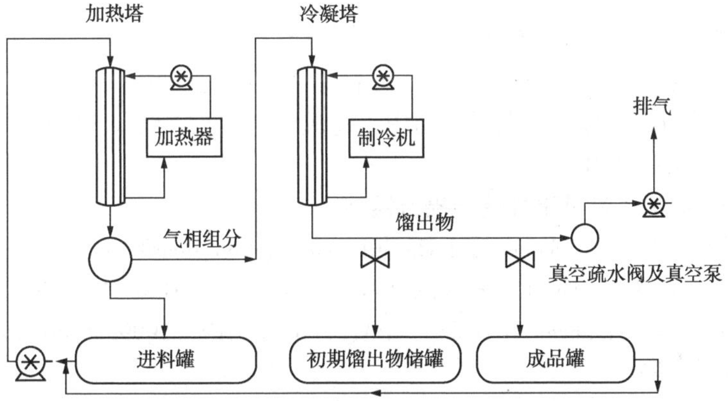

图3.9 CSI-HA真空蒸馏过程的简化工艺流程图（图片来自CSB）

1999年2月15日，星期一下午，CSI开始进行第一次蒸馏。到星期二晚上，进料罐中的HA浓度约为48%（质量分数）。当时，在发现水通过加热器管柱中破裂的管子泄漏到进料罐中后，关闭该工艺进行维护。蒸馏于周四下午重新开始，晚上11：30停止。在更换了加热器的进料管线后，蒸馏在周五早上晚些时候重新开始。到晚上7点左右，进料罐中的HA浓度达到86%（质量分数）。蒸馏于晚上7：15停止。周五晚上，一名生产主管接到电话，在爆炸发生前15min到达工厂，时间是晚上8：14。

尚不清楚是什么引发了爆炸，有几种潜在的初始事件可能是导致此次事故的原因："过多热量进入了蒸馏系统、工艺设备部分损坏或者整体坍塌导致的物理撞击或者工作疏忽造成工艺系统引入了杂质。在物料经泵加压送至加热塔的过程中，摩擦产生的热量可能加热了混合物。”

3.4.3 事故原因

CSI 开发了一种制备 50%(质量分数)HA 的工艺，通常会使 HA 浓缩到一个不稳定的水平，并受热分解。

3.4.4 事故主要教训

过程知识管理(第 2.7 节)：尽管 CSI 的管理人员在试验装置运行期间了解了 HA 的危害，但这些知识并未被用到工艺设计或危害审查中，CSI 也没有查阅有关 HA 的文献，而这些文献已经记录了 HA 容易放热分解，且爆炸力与 TNT 相当的特性；另外，CSI 也没有尝试做任何测试来确定 HA 的危害程度；最后，CSI 没有编制工程图纸或详细的操作程序。

危害识别与风险分析(第 2.8 节)：危害审查方法必须适用于所管理的危害。CSI 采用了“如果—怎样”分析方法，分析报告仅为一个单页文档。危害审查没有提到“可能引发高浓度 HA 爆炸的事件的预防或后果”(CSB，2002 年)。CSI 没有执行危害审查得到的任何建议。

后记：2010 年 6 月，尼辛化工公司的一家工厂发生爆炸，该工厂生产 50%(质量分数)的 HA。爆炸摧毁了蒸馏塔，造成 4 人死亡，58 人受伤，当时的 HA 浓度达到了 85%(质量分数)。

3.4.5 参考资料及事件调查报告链接

- U. S. Chemical Safety and Hazard Investigation Board, Case Study, Report No. 1999-13-C-PA, The Explosion at Concept Sciences: Hazards of Hydroxylamine, Concept Sciences, Hanover Township, PA. February 19, 1999. (http://www.csb.gov/investigations)

3.5 危害识别与风险分析：埃索朗福德天然气厂爆炸事故，1998 年

3.5.1 事故概况

位于澳大利亚维多利亚州的埃索公司朗福德天然气加工厂发生重大爆炸和火灾，造成两名员工身亡，八人受伤。此次事故造成该厂内的 1 号装置毁坏，2 号装置和 3 号装置关闭。

贫油吸收塔组发生了工艺波动，最终导致“贫油流”温度下降和流量损失。这使金属换热器变得非常冷和易碎。当操作人员重新启动进入热交换器的贫油流时，热交换器发生破裂并释放出液体的油品及气态的油气。当扩散的气云接触到点火源后发生爆炸，火又闪回到释放处。

3.5.2 事故详细经过

1 号装置是一个贫油吸收装置，通过使用一种被称为“贫油”的液态烃流分离进入的天然气，将甲烷从液化石油气中分离出来。甲烷上升到塔顶，较重的碳氢化合物溶解在液态碳氢化合物冷凝液（译者著：原书错误说明，此处应为“贫油”）中，见图 3.10。

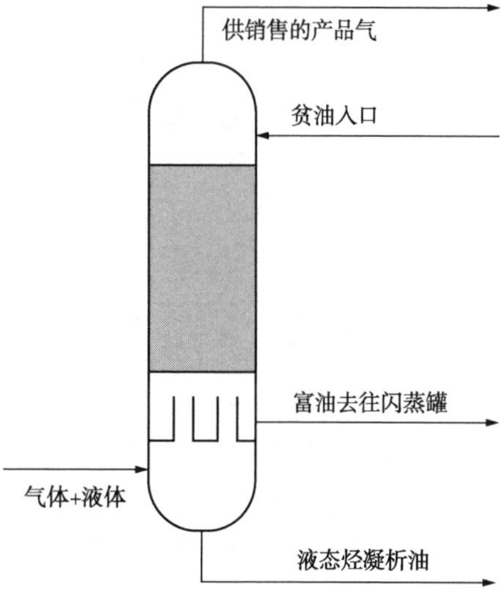

图 3.10　吸收塔简图
（图片来自 CCPS，2008 年）

一号装置有一对吸收塔并联运行。天然气和液体烃的混合物进入两个吸收塔内，两者的底部都配有气液分离区。在前一个夜班期间，吸收塔 B 底部的碳氢化合物凝析油液位开始上升。由于无法按照常规将凝析油输送至 2 号装置处理，于是选择了另一种处理冷凝液的替代方案，即将其输送到了凝析油闪蒸罐，见图 3.11［译者著：原图并未显示出替代方案的内容，此处的凝析油闪蒸罐与图 3.11 上的（富油）闪蒸罐并不一致］。

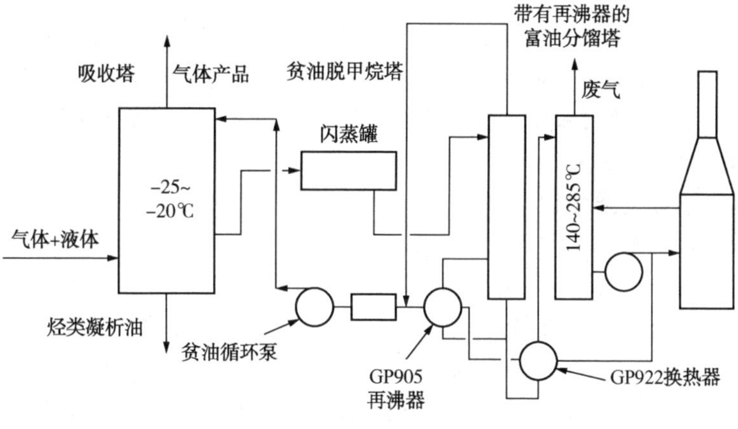

图 3.11　气体装置简图（图片来自 CCPS，2008 年）

在这种情况下，正常操作是提高吸收塔底部的温度，但人们没有这样做。冷凝液闪蒸罐的入口通过吸收塔液位控制器上的超控装置防止温度过低。因此，导致吸收塔冷凝液的处理速率低于入口流量，进而导致吸收塔底座中的液体凝析油积聚。

当吸收塔内的凝析油水平上升到一定程度时，就会与富气提油流混合。与富油混合的冷凝液在富油液位控制阀处发生闪蒸，导致下游富油闪蒸罐的温度大大降低。随着富油流经回收系统，引起整个装置的温度下降，在这一过程中，富油中的烃类被去除，返回吸收塔成为贫油。最终，贫油泵失效，导致热量大量释放。贫油损失是极其严重的事件，然而这一事件在停泵后1h之后，直至监管人员从上午的生产会议回来后才被告知。

装置内部分位置的温度降至-48℃。早晨08：30，GP922热换器发生凝析油泄漏。贫油缺失意味着经过富油系统的凝析油进入回收段时无法被加热。泄漏的原因可能是在尝试恢复的过程中形成了极端温度梯度。在工艺流程的其他部分也出现了低温形成的痕迹，在热换器和管道上未保温的部分出现了结冰。

10：50，GP922热换器的泄漏越发严重。监管人员决定关停1号装置。12：15，两名维修技术人员重新拧紧了GP922热换器上的螺栓，但并未采取阻止泄漏的措施。唯一能够阻止泄漏的方法就是让加热的贫油流经GP922热换器来使其缓慢加热。然而，第一次尝试重启贫油循环泵未果。在通过操作手闸来减少流经另一个换热器GP905的油流10min后，热换器发生破裂，喷射出油气云团。

据估计，油气云团蔓延了170m后遇到了点火源。闪回的火焰接触到管线，数分钟内管线开始失效。1h后，一个主要的压力容器失效爆炸形成巨大火球。从隔离所有烃类物质流到最终扑灭大火花了整整2d多。

3.5.3 事故原因

调查得出的结论：事故的直接原因是贫油流的损失导致GP905换热器的温度大幅下降，钢壳脆化。随后，为了阻止GP922中的碳氢化合物泄漏，引入了热贫油。在整个事故过程中，操作人员和监管人员并未意识到他们采取这种行为进行装置修复的后果。

3.5.4 事故主要教训

危害识别与风险分析(第2.8节)：1号气体装置并未像工厂另外两个气体装置一样做危害识别与风险分析。在1995年时，曾计划于进行危险与可操作性研究(HAZOP)，但实际从未实施。如果像Longford 1号装置那样开展了分析，流量和温度偏差会作为HAZOP研究的一部分进行系统审查。但这些偏差的危险后果从未被识别，导致了其他安全管理问题，如程序和培训不完整或不充分，进一步操作员也不知道偏差的严重性。真正发生偏差时，他们不知道该怎么做，甚至像本案例中一样采取错误的行动。

变更管理(第2.14节)：1992年，工厂的所有工程师都被调到澳大利亚墨尔本的总部。很多原本由这些工程师承担的过程安全任务被取消了，工厂没有针对该变化引起的影响实施变更管理评审。可想而知，这些工程师在过程安全方面的关键作用没有得到有效替代。组织变更管理的问题(CCPS，2013年)在过去经常被忽视。

过程安全能力(第 2.4 节)：监管人员和操作人员被赋予了比运行装置更大的职责(包括故障排除)，而他们并没有做好相应准备，也没有能力履行工程师的职责。

3.5.5 参考资料及事件调查报告链接

- CCPS, "Incidents That Define Process Safety", American Institute of Chemical Engineers, Center for Chemical Process Safety, New York, NY, 2008.
- CCPS 2013, Guidelines for Managing Process Safety Risks During Organizational Change, American Institute of Chemical Engineers, Center for Chemical Process safety, New York, NY, 2013.

3.6 操作程序：爱荷华州尼尔港硝酸铵爆炸，1994 年

3.6.1 事故概况

1994 年 12 月 13 日，化肥厂硝酸铵(AN)部分一个被称为中和器的工艺容器发生爆炸。爆炸发生时，AN 工艺过程处于停车状态，但几个容器仍存留有 AN 溶液。引发爆炸的因素有多个，包括中和剂中的强酸性条件、向容器中施加 200psig 的蒸汽以及对尚有剩余物料留存的关停装置缺乏监控。爆炸造成 4 人死亡，18 人受伤。工厂其他设施严重受损，导致硝酸泄漏到土地中、无水氨释放到空气中。

3.6.2 事故详细经过

尼尔港 IA 工厂生产硝酸、氨、硝酸铵、尿素和硝酸铵尿素。在中和器内，来自尿素装置的废气或来自氨储罐的氨通过底部喷射口加入，55%的硝酸通过中间的喷射环加入。得到的产品为 83%的 AN，通过溢流管被送到一个接收罐，然后转移到储存罐。关于中和器和成品罐的 PFD，请参见图 3.12。通向接收罐的溢流管中安装了一个 pH 探针，用于控制流入中和器的硝酸流量以保持中和器内 5.5~6.5 的 pH 值。通过水和氨的蒸发，中和器中的温度保持在 267℉(131℃)左右。两个容器的内容物都被排放到洗涤器中，在那里，蒸气被 55%~65%的硝酸和补给水吸收，形成 50%的 AN。50%的 AN 流被送回中和器。

在事故发生约两周前，发现 pH 探针有缺陷，于是通过手动取样来测量 pH 值。事故发生前两天，pH 值判定为-1.5，直到 12 月 12 日凌晨 1 点才调整到可接受的范围。由于上游硝酸工厂之前已经停产，AN 工厂于 12 月 12 日下午 3 点左右也关闭了。下午 3：30 左右，操作人员用空气将硝酸进料管线中的残料吹扫到中和器中。大约晚上 7 点，操作员将洗涤器溶液泵送到中和器。大约晚上 8：30，通过硝酸进料管线将 200psig(13.7bar)、387℉(约 197℃)的蒸汽施加到硝酸喷雾器上，以防止 AN 回流到硝酸线。爆炸发生在 13 日早上 6 点左右，图 3.13 显示了爆炸的后果。

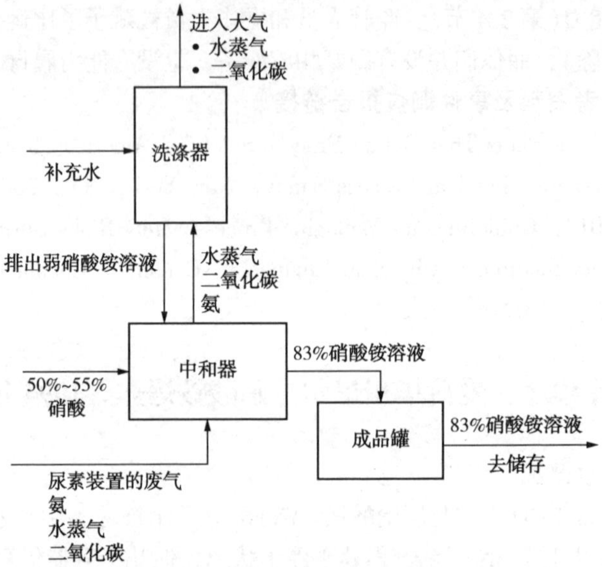

图 3.12　中和器和接收罐(图片来自 EPS，1996 年)

图 3.13　爆炸发生后的 AN 工厂(图片来自 EPA，1996 年)

众所周知，AN 在以下情况下会更易分解、爆燃和爆炸：

- 低 pH 值；
- 高温；
- 低密度区域(例如，由气泡引起)；
- 物理空间受限；
- 氯化物和金属等污染物；
- AN 大量堆积。

计算表明，吹扫硝酸线使停止运行的中和器的 pH 值降低至约 0.8。蒸汽喷射持续了 9h；计算表明它提供了足够的热量，在约 2h 内将溶液加热至其沸点。空气和蒸汽喷射在溶液中产生气泡。还在 AN 溶液中发现了从硝酸装置中携带的氯化物(EPA，1996 年)。

3.6.3 事故原因

EPA 调查得出结论：导致爆炸的原因是由于缺乏操作程序。没有关于如何在停车时使容器处于安全状态的程序或在停车期间监测工艺容器的程序。也没有用于监测反应质量中是否存在氯化物或油的程序，而本案例中正是氯化物进一步增加了 AN 的敏感性，促进其达到危险分解状态。

EPA 发现，其他生产商要么在停车期间清空工艺容器，要么将 pH 值保持在 6.0 以上。另外，其他生产商也不允许使用蒸汽喷射器，或者如果使用蒸汽喷射器，他们会在监管下进行操作。

EPA 还指出，这家工厂没有进行危害分析，接受采访的人员表示他们不知道硝酸铵的许多危害。

3.6.4 事故主要教训

操作程序(第 2.9 节)：操作程序需要涵盖所有操作阶段。在这种情况下，在停车期间缺乏关闭和监控设备的程序，导致操作员执行了增加 AN 溶液敏感的操作，并为分解反应的发生提供了能量。

危害识别与风险分析(第 2.8 节)：与 Esso Longford 爆炸(第 3.5 节)一样，尚未对 AN 过程进行危害评估。缺乏危害识别研究导致人员不了解增加 AN 分解敏感性的条件。停车步骤的有效 PHA 将告知操作人员，在没有溢流进入接收罐、中和剂 pH 值无法测量，且在罐中没有任何循环的情况下，无法准确地知道中和器内的温度。完善的危害识别研究将涵盖硝酸铵回流到硝酸生产线中的情况，并且可以发现更好的设计解决方案。

3.6.5 参考资料及事件调查报告链接

- EPA 1996, Chemical Incident Investigation Report, Terra Industries Inc., Nitrogen Fertilizer Facility, Port Neal, IA, EPA, September 1996.

3.7 安全作业规程：英国北海 Piper Alpha 事故，1988 年

3.7.1 事故概况

位于北海苏格兰海岸外的西方石油公司的 Piper Alpha 海上平台发生爆炸。初始爆炸引发了一连串的火灾和爆炸，导致 167 人死亡，平台几乎完全被摧毁。爆炸的原因是一条管线上有法兰未安装好，而该管线被错误地投入使用，可燃气

体通过该法兰释放，引发了一连串的爆炸和火灾，摧毁了平台。

61 名船员幸存下来，跳入水中并被船只救起(图 3.14)。

图 3.14　Piper Alpha 海上平台(图片来自 CCPS，2008 年)

平台布局包括端部的钻井井架、中心的加工区和另一端的船员生活区(图 3.15)。Piper Alpha 是该地区另外两个平台(Tartan 和 Claymore“A”)的集气设施，通过从海底管道引出的立管接收高压气体。Piper Alpha 对来自立管的天然气及其自身的天然气和石油进行加工，并通过两条独立的管道将最终产品输送至岸上(CCPS，2008 年)。

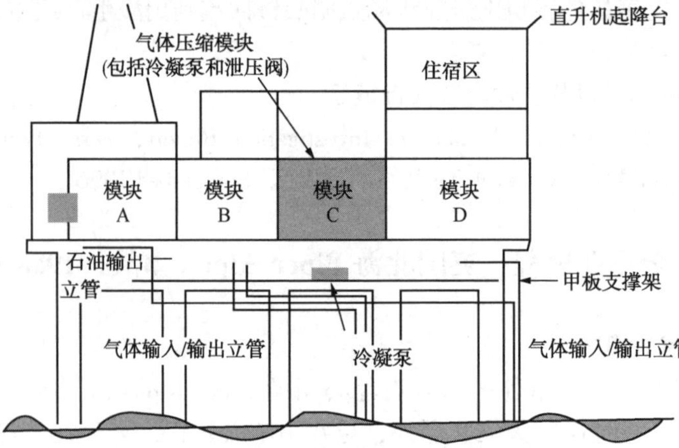

图 3.15　Piper Alpha 平台简图(图片来自 CCPS，2008 年)

3.7.2 事故详细经过

事故链开始于将一个备用泵从流程中切出维护，与之相连的安全阀拆开维护，阀门未替换为新阀，而是使用盲板将其封堵。当晚后半夜，一台用于将气液分离得到的烃类液体回注到石油输出管线的凝析油泵因故障停转。尝试重新启动但未成功，工艺容器中的液位快速上升，于是决定启动备用泵，否则整个平台将不得不完全关闭。夜班人员知道备用泵已于当天早些时候停止使用、准备维护，但认为维护工作尚未执行。他们重新给未锁定的泵通电，然后启动了泵。几秒钟之内，大量的凝析油和气体开始从泵出口的泄压阀处逸出。泄压阀位于泵上方的模块中，从泵所在处无法看见。为了进行维护，已拆除泄压阀，并使用盲法兰隔离了管道连接，但螺栓数量远远少于承受全部工作压力所需数量。

凝析油泵位于模块下方 68ft 甲板支撑架上。凝析油泵安全阀位于气体压缩模块"C"内，连接管道穿过地板进出模块"C"。模块"C"与包含控制室和应急设施的模块"D"通过一个非结构性防火墙分隔，该防火墙由三层复合镀层组成，并将矿棉铺设在钢板之间，用于防火防爆。模块"C"和模块"B"、模块"B"和模块"A"之间的防火墙由涂有防火绝缘材料的单板构成。安装在模块之间的防火墙在设计时没有考虑承受模块内部的爆炸。初始爆炸炸毁了包含处理设施的防火墙，并将其与控制室分离，结果，大量储存的石油几乎立刻失控燃烧。

设计用于扑灭此类火灾的自动海水雨淋系统无法启动，因为它已被隔离，以保护潜水员在消防泵入口附近的平台支撑结构上进行检查和维护工作。

在最初的爆炸发生大约 20min 后，火势蔓延到气体立管，产生的大量热量使它们发生灾难性的失效。立管由直径 24in 和 36in(610mm 和 915mm)的钢管制成，其中含有 138barg(2000psig)的可燃气体。当这些立管失效时，燃料的释放使火的规模急剧增大到无法控制的顶峰。在火势的顶峰，火焰达到了 300~400ft 的高度。在 1mile 以外的地方可以感觉到热量，85miles 以外的地方可以看到云层的反射。

船员们开始到平台的生活区聚集，那里离大火最远，似乎是最不危险的地方，他们打算在那里等待直升机来营救他们。然而，大火阻止了直升机着陆。生活区没有防烟设施。由于缺乏培训，人们反复开关门导致烟雾进入生活区。一些船员判定，唯一的生存方式是立即离开宿舍。然而，他们发现通往救生艇的所有路线都被烟雾和火焰堵住了，而且由于没有任何其他指示，他们只能跳入海中，寄希望于被船只救起。61 名男子跳海成功逃生。167 名遇难者中，大多数人在生活区死于一氧化碳和烟雾中毒，还有一艘救援船上的两个人也死了。

着火的燃气立管在爆炸 1h 后终于被关闭了。但平台上的油和管道中残留的气体使得大火继续燃烧。3h 后，平台的大部分被燃烧到海平面位置，包括井架和模块，生活区滑落并沉入海底。只有平台的钻井部分仍竖立在海平面以上。由于平台采油立管的泄漏，石油持续在海上燃烧(CCPS，2008 年)。

3.7.3 事故原因

调查发现，此事件的直接原因是工作许可证制度的失效，导致平台上的维护和检查工作失去管控。7 月 6 日早，签发工作许可证用于维护凝析油备用冷凝泵。利用阀门对泵的工艺连接进行了隔离，电动机隔离并锁定。要进行的工作的第一部分是拆除泵的泄压阀进行检查。但是，仅使用四个螺栓而不是所需的全套螺栓来固定安装在连接管道的开口端上的盲板，这很可能只是为了保持系统清洁。该泄压阀位于泵上方视线之外的模块中。拆除后，将泄压阀带到平台车间进行检查，但在该工作日结束时尚未更换。

当维修主管和船员完成轮班后将工作许可证交回控制室时，工艺主管和操作人员进行了深入的交谈。但他把工作许可证放在桌子上，没有做任何口头或书面的移交。调查发现，Piper Alpha 平台上的关键沟通制度过于宽松，结果工作许可证留在经理的办公桌上，而不是亲自交给他，以便在随后的换班时进行适当的交流。如果系统实施得当，则不会发生初始气体释放事故。然而，这一切发生了，下面描述的许多其他因素共同造成了生命损失和平台的损坏(CCPS，2008 年)。

3.7.4 事故主要教训

安全作业规程(第 2.10 节)：需要良好的安全作业规程来控制维护工作中的危害。这些安全作业规程需要包括工作人员和生产人员之间的沟通。在 Piper Alpha 中，夜班人员没有被告知泄压阀已经拆除，泵还没有准备好恢复运行。另外，管线上的盲板安装不当，无法承受管线内的压力。

应急管理(第 2.17 节)：海上安装经理(OIM)没有立即下令撤离，他本人也在事故发生后不久便丧生了。消防船一直在等待 OIM 的命令，延迟了对事件作出响应。很多疏散路线都被封锁了。该地区的其他油井一直在向 Piper Alpha 输送原料，没有被关闭，这为火灾提供了持续的燃料来源。平台上的工人没有接受过足够的应急程序培训，管理层也没有接受过如何在危机情况下提供良好领导的培训。疏散演习没有按规定每周进行一次，三年多没有进行全面演习。船员聚集的地方不安全，烟雾可能进入，导致人员死亡。在 Piper Alpha 之后，英国政府要求设置一个临时安全避难所(TSR)，在人员成功安全疏散之前，保护他们免受爆炸、火灾和有毒烟雾伤害。

3.7.5 参考资料及事件调查报告链接

• CCPS，"Incidents That Define Process Safety"，American Institute of Chemical Engineers，Center for Chemical Process Safety，New York，NY，2008.

• M. Elisabeth Pate - Cornell, Learning from the Piper Alpha Incident: A Postmortem Analysis of Technical and Organizational Factors, Risk Analysis, Vol. 13, No. 2, 1993, p. 215-232.

• CCPS, Process Safety Beacon, Remembering Piper Alpha, July 2013. (http://sache.org/beacon/products.asp)

• CCPS, Process Safety Beacon, Piper Alpha Oil Platform, July 2005. (http://sache.org/beacon/products.asp)

3.8 承包商管理：帕特里奇罗利油田爆炸，罗利，MS，2006 年

3.8.1 事故概况

事故发生在 2006 年 6 月 5 日上午 8：30 左右，当时 Stringer 油田服务公司的承包商工人正在安装两个罐之间的管道(图 3.16)。焊接火花引燃了距离焊接作业点 4 号罐体 4ft 远的一个敞口管道逸出来的易燃性油气。爆炸造成三名站在 3 号和 4 号罐顶部的工人死亡，第四名工人受重伤。(美国化学品安全和危害调查委员会，2007 年)

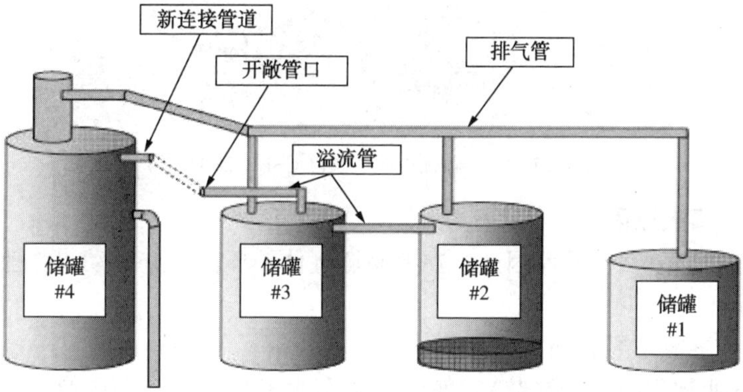

图 3.16　帕特里奇罗利油田爆炸中涉及的油罐(图片来自 CSB，2006 年)

3.8.2 事故详细经过

承包商工人正在连接两个最近移动过的储罐之间的管道(图 3.15 中的 3 号罐和 4 号罐)。几天前，4 号罐中的原油渣油已被清理移走，并用水冲洗。2 号罐和 3 号罐的原油渣油并未清理移走。

在开始焊接前，焊工在 4 号罐内插入一个点燃的焊枪，检查罐内可燃蒸气，这种行为被称为“闪火”(以这种方式测试易燃气体是一种极其不安全的行为，永远不应该这样做)。然后，如 CSB 报告所述，“工头爬到 4 号罐顶部，另外两个

维修工人爬到3号罐顶，然后，在3号和4号罐顶之间足有4ft的空间，他们在罐顶放置了一个梯子，为焊工固定好梯子。焊工将他的安全带固定挂在4号罐的顶部，自己则站在梯子上。焊工开始焊接后，立即点燃了与3号罐体连接的敞口管处排放出来的可燃性碳氢化合物蒸气，火势立即回燃至3号罐内，并通过溢流连接管道从3号油罐蔓延至2号油罐内，导致2号罐爆炸。两个罐体的盖子都被炸飞了。"(CSB，2006年)

3号罐的罐顶落到了50ft之外(图3.17)，2号罐的罐顶落到了250yd之外。事故造成工头和维修工人死亡，焊工受伤。

图3.17　3号罐顶(图片来自CSB，2007年)

3.8.3　事故原因

造成这一事故发生的原因是：在有易燃气体的环境下进行动火作业，而未遵守任何安全工作许可程序。

3.8.4　事故主要教训

安全作业规程(第2.10节)：使用安全作业规程，如动火作业许可，在有危险化学品存在的情况下确保作业环境的安全是很有必要的。在此次事件中，存在易燃蒸气。而在本案中，承包商Stringer油田服务公司并没有要求使用安全作业程序，特别是动火作业许可。

承包商管理(第2.12节)：业主需要对承包商进行管理，以确保他们了解和使用安全作业规程。帕特里奇—罗利公司作为油井和储罐的所有者，依靠承包商来完成他们的大部分试井工作，例如安装储罐、泵和管道等，这是一种常见的做法。然而，帕特里奇—罗利公司并没有对承包商进行管理，以确保他们采用安全作业规程。

标准符合性(第2.3节)：公司需要了解并遵循最佳行业实践。此次事故中就涵盖了几个适用的行业准则。如果罗利—帕特里奇或Stringer油田服务公司采用了以下任何一个第三方标准，这一事故的发生就可以被防止：

- NFPA 326，“进入、清洁或修理罐体和容器作业的安全措施标准”(NFPA，2005年)。
- NFPA 51B，“焊接、切割和其他动火作业的防火标准”(NFPA，2003年)。
- API RP 2009，“石油和石化行业安全焊接、切割和动火作业的实践方法”。
- API RP 74，“陆上油气生产作业的职业安全”(API，2001年)。

3.8.5 事件调查报告参考资料及链接

- U.S. Chemical Safety and Hazard Investigation Board，Case Study，Report No. 2006-07-I-MS，Hot Work Control and Safe Work Practices at Oil and Gas Production Wells. Raleigh，MS，June 5，2006. (http://www.csb.gov/investigations)
- U.S. Chemical Safety and Hazard Investigation Board，Video-Dangers of Hotwork，June 7，2010. (http://www.csb.gov/videos)

3.9 设备完好性及可靠性：英国米尔福德港德士古炼油厂爆炸，1994年

3.9.1 事故概况

1994年7月24日，德士古和海湾石油合资联产的一家炼油厂发生了一次半受限空间蒸气云爆炸。在流化催化裂化装置(FCCU)火炬分液罐的出口管处约有20t可燃碳氢化合物泄漏到大气中，飘浮的可燃性烃类蒸气和液滴云在距离火炬分液罐出口110m处被点燃并发生爆炸，爆炸威力估计相当于4t炸药爆炸的当量。随后又引发了一场大火。该爆炸还引发了在距离2miles(3km)外的小镇严重的玻璃损坏。现场有26人受伤，无严重伤亡。该事件导致德古士公司被罚款32万美元，并支付了23万美元的法律费用。重建受损炼油厂的费用估计为7600万美元。见图3.18(CCPS，2008年)。

3.9.2 事故详细经过

上午7：30至9：30之间，该地区发生了一系列雷暴。雷击直接导致原油蒸馏装置起火，进而导致流化催化裂化装置(FCCU)和其他一些装置被迫停工。在当天晚些时候，当试图重启FCCU装置时，由于脱丁烷塔缺乏进料，导致其底部液位控制阀自动关闭。当重新恢复脱丁烷塔进料时，可能由于其底部的液控阀被

图 3.18　英国米尔福德港德士古炼油厂爆炸事故
(图片来自 Western Mail and Echo Ltd)

卡在关闭位置，使得脱丁烷塔被液态碳氢化合物淹没。脱丁烷塔被灌满后，塔内压力增大，导致脱丁烷塔顶部的压力安全泄压阀打开，轻烃气液混合物进入火炬系统。

尽管流化催化裂化装置(FCCU)的气体回收系统发生了重大故障，但人们还是决定重新启动一台湿气压缩机来维持压差，从而重新建立稳定的运行条件。要做到这一点，就必须先从压缩机的分液罐底部排出大量的碳氢化合物液体，为此，人们在工艺容器(分液罐底)与放空总管之间连接了一根临时蒸汽软管，用来排放碳氢化合物液体。待湿气压缩机成功重启后，脱丁烷塔内压力再度上升导致了顶部安全阀再次起跳，继而压缩机分液罐液位也继续上升，最终由于压缩机的级间分液罐液位过高导致压缩机停机。此时，大量碳氢化合物液体流入并充满了火炬线分液罐，远超其设计容量。在上午 12：32，直径为 30in(760mm)的火炬出口管在其最薄弱点发生破裂。研究结果表明，主要原因是由于大量的液态烃流入火炬系统引起的突发性压力增大导致了弯头断裂(CCPS，2008 年)，见图 3.19。

3.9.3　事故原因

脱丁烷塔底液控阀在塔缺料关闭后再也没有重新打开过，操作人员接收不到正确的信号反馈，误以为液控阀已开启，于是在下游石脑油分离器空料的情况下，脱丁烷塔继续填充液体。

3.9.4　事故主要教训

设备完好性及可靠性(第 2.11 节)：与工艺容器和动设备一样，仪器仪表需要以相同的方式进行评估和维护。除液位控制阀外，还发现气体回收系统中的另外 39 台仪器存在先期故障，其中 24 台仪器的故障需要引起关注，六台属于严重缺陷。

图 3.19 断裂并释放 20t 蒸气的 30in 火炬管线弯头

3.9.5 事件调查报告参考资料及链接

- CCPS(2008), "Incidents That Define Process Safety", American Institute of Chemical Engineers, Center for Chemical Process Safety, New York, NY, 2008.
- HSE(1994)"The Explosion and Fires at Texaco Refinery, Milford-Haven, 24 July 1994. (https://www.icheme.org/~/media/Documents/Subject%20Groups/Safety_Loss_Prevention/HSE%20Accident%20Reports/The%20Explosion%20and%20Fires%20at%20the%20Texaco%20Refinery%20Milford%20Haven.pdf)
- U.S. Chemical Safety and Hazard Investigation Board, Video-Chevron Richmond Refinery Fire. (http://www.csb.gov/chevron-refinery-fire)
- CCPS Process Safety Beacon, Mechanical Integrity, April 2006. (http://sache.org/beacon/files/2006/04/en/read/2006-04-Beacon-s.pdf)

3.10 操作守则：伊利奥波利斯福尔摩沙塑料 VCM 爆炸事件，2004 年

3.10.1 事故概况

2004 年 4 月 23 日，伊利诺伊州伊利奥波利斯的福尔摩沙塑胶有限公司 PVC 制造厂发生爆炸及火灾，造成五人死亡，三人重伤。大量极易燃氯乙烯单体(VCM)意外从反应器中释放出来并点燃，发生了爆炸。后续的爆炸和大火摧毁了工厂的大部分，大火持续燃烧两天(图 3.20)。地方当局命令距该设施 1mile 内的居民撤离。"(CSB，2007 年)。此次损坏导致 PVC 制造厂设施永久性关闭。

图 3.20　福尔摩沙工厂上空的烟雾云状物(图片来自 CSB，2007 年)

3.10.2　事故详细经过

聚氯乙烯(PVC)是以氯乙烯单体(VCM)、水、悬浮剂、聚合引发剂等为原料，在间歇反应釜中加压加热制成的。VCM 是一种高度易燃的物质。该厂的设施楼内共有 24 个反应釜，每四个反应釜为一组，每两个反应釜设一个控制站(图 3.21)。当其中一个反应完成后，PVC 溶液就会通过容器底部阀转移到下个容器内，以便执行程序中的下一步动作。

图 3.21　反应釜楼内正视图(图片来自 CSB，2007 年)

当反应釜的 PVC 被转移后，清除反应釜内的危险气体，并在人孔处用高压水冲洗来清洗反应釜，然后冲洗水通过反应釜底部阀和排污阀排放出去。所有这些操作步骤都是手动完成的。

事件发生当天，306 号反应釜已经完成了反应物质转移和高压清洗。操作员走下楼梯去排净反应釜，下楼梯后，他错误地转向了一套完全相同的四个反应釜，而此时这些反应釜都处于反应阶段，见图 3.22。操作员误操作尝试打开 310 号反应釜的底部阀和排污阀来清空反应釜。然而，当处理 PVC 时，如果反应釜压力超过 10psi，底部阀门会被联锁保护而保持关闭状态，因此，底部阀并未被打开。底部阀门的供气动系统配备了快速断开连接配件，并提供了单独的应急空气供应，以便操作人员在紧急情况下将物料从一个反应釜转移到另一个反应釜。

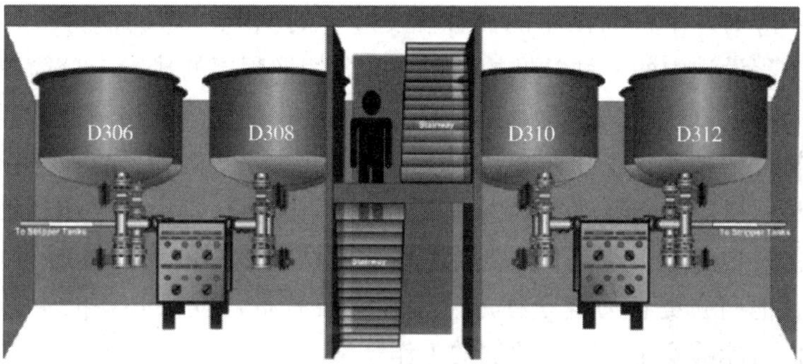

图 3.22　反应釜建筑内的通道(图片来自 CSB，2007 年)

由于底部阀门没有被打开，该操作员没有联系楼上的反应釜操作员和轮班主管来检查确认反应状态，就擅自将底部阀气动装置切换到了备用空气供给，从而绕过了“压力关”联锁。底部阀门打开后，氯乙烯单体从反应釜中涌出，建筑物内迅速充满可燃液体和蒸气，建筑物内的雨淋灭火系统发出了警报，但未能启动(即使该系统被启动，也可能无法阻止爆炸的发生)。一名轮班主管来到这个区域进行调查，发现建筑内设置的 VCM 探测器读数已超出其可测的最大值。轮班工头和反应釜操作人员立即实施减缓反应釜排放的措施，而不是撤离。最终 VCM 蒸气遇到点火源，并引发数次爆炸。

3.10.3　事故原因

在没有询问轮班主管的情况下，操作人员旁路了一个联锁，从而导致(反应釜)内循环加热、带压的 VCM 热料被释放。以下几个因素增加了这一错误发生的可能性：

- 反应釜分组的布局高度相似(见图 3.21)，使其更易于出错；
- 楼下的操作员没有配备无线通信设备来跟楼上反应操作人员进行沟通(类似的福尔摩沙工厂设有收音机或内部通信系统)；
- 福尔摩沙取消了班组组长的岗位，并将其职责转嫁给轮班管理人员，而轮班主管并不总像之前的班组组长总是在班上，这就减少了操作人员的技术支持可获取性。

3.10.4 事故主要教训

操作守则(第 2.16 节)：操作守则意味着以有纪律的方式执行任务，即遵守操作程序协议，当工艺流程超过工艺正常操作范围时，应当停止操作并考虑响应措施，视情况获得有经验的建议，并酌情关闭。在福尔摩沙事件中，操作员应该在得到上级主管批准后才实施“旁路联锁”操作。

操作守则不仅适用于工艺层面上的操作人员，在设计操作人员所需的控制和系统时，同样适用。操作守则包括工程纪律。在福尔摩沙 VCM 爆炸事件中，操作员不得不应对一个极易出错的设计。反应釜的(相似)布局使得错误更容易发生，这是工程设计中的一种常见的情形。紧急切换程序的执行十分简单，只需要旁路底部阀联锁就能做到。设计和运行工厂的工程师们应设法制定工程控制措施以及监测轮班记录和日志，如旁路联锁的情况。在此案例中，应在操作控制台上设置可以显示反应釜运行状态的指示，更加严格地执行操作程序和联锁管理。工厂未向操作员提供通信工具(供楼层之间的操作员使用的无线电通信)，如果有通信工具，他们会更容易遵守程序。管理人员有责任提供必要的工具和控制系统，使操作员能够安全地完成他们的工作。

变更管理(第 2.14 节)：当福尔摩沙接管工厂时，员工数量减少了，职责也发生了改变。然而，福尔摩沙并没有对人事变动进行正式的 MOC 审查，以分析这些变动带来的影响。

应急响应(第 2.17 节)：福尔摩沙塑料厂的 VCM 爆炸也说明了应急响应计划的重要性。当发生 VCM 释放时，建筑物内的气体探测器被触发，操作人员采取了缓解释放的响应措施。然而，面对这种情况的正确反应应该是撤离。

衡量及指标(第 2.19 节)：福尔摩沙的塑料厂先前曾发生过两起事故，都涉及操作人员误操作开错阀门，而这些事件及其教训并没有与其他工厂进行分享学习。如第 2.19 节所述，跟踪领先和滞后指标的衡量系统可以提醒福尔摩沙注意系统性问题，并促使其采取措施进行纠正。应对所有的操作员进行培训，使其了解旁路联锁的危害性，或在软管连接处设置一个保护罩，以防止在未经适当审查和授权时而误操作旁路联锁。

3.10.5 事件调查报告参考资料及链接

- CSB 2007, U. S. Chemical Safety and Hazard Investigation Board, Investigation Report, Vinyl Chloride Monomer Explosion, Report No. 2004-10-I-IL, March 2007.
- U. S. Chemical Safety and Hazard Investigation Board, Video - Explosion at Formosa Plastics, 2007. (http://www.csb.gov/formosa-plastics-vinyl-chloride-explosion)

3.11 工艺变更管理：Flixborough 爆炸，英国，1974 年

3.11.1 事故概况

1974 年 6 月 1 日晚，位于 Flixborough 的 Nypro（英国）工厂因一次大爆炸而严重受损，造成 28 名雇员死亡，36 人受伤。现场办公大楼被摧毁，但幸运的是因为事件发生在周末，所以办公楼内没有人员。在工厂外，受伤和损坏很普遍，其中 53 人受伤，无人员死亡，对 1821 所房屋和 167 处营业场所造成了不同程度的破坏（CCPS，2008 年）。

3.11.2 事故详细经过

爆炸发生的部位是在 8.8barg（130psig）和 155℃（311℉）条件下用空气将环己烷氧化成环己酮的装置。氧化反应是在六个串联的反应容器内以液相状态进行，每个反应器比其前一个位置低 360mm（14in），物料通过重力作用逐级流经每个反应器。

1974 年 3 月 27 日，5 号反应器发现裂缝，维修工程师建议对其彻底停用三周。维修经理（由于处于等待公司重组期间，几个月来一直由实验室负责人担任）建议拆除 5 号反应器，并将 4 号和 6 号反应器用直径为 500mm（20in）的临时管连接在一起，并使用一种由碳钢制成的结构，即传统建筑行业的脚手架来支撑管道，见图 3.23。

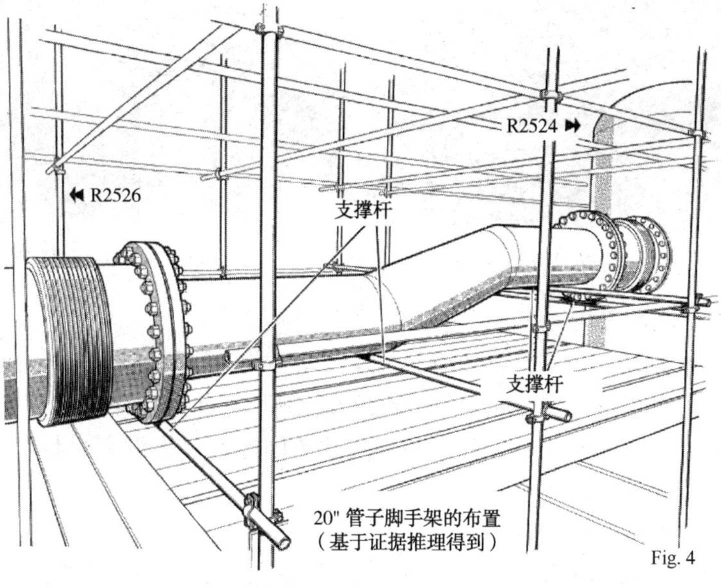

图 3.23 Flixborough 替代管道示意图（图片来自调查法院事故报告）

然而这种临时连接的管道强度并不足以承载反应时产生的应力和温度，管道因而失效(发生泄漏)，在 30s 内释放出 30t 环己烷。在死亡的 28 名员工中，有 18 人在控制室。如果事故发生在工作日，而不是周六，那么死亡人数可能要更高，因为周六现场的雇员人数较少。整个工厂都被摧毁了，附近的房屋遭到破坏。事故引发的大火持续燃烧了 3d，影响范围达到 40000m^2(10acre)。见图 3.24 ~图 3.26(CCPS，2008 年)。

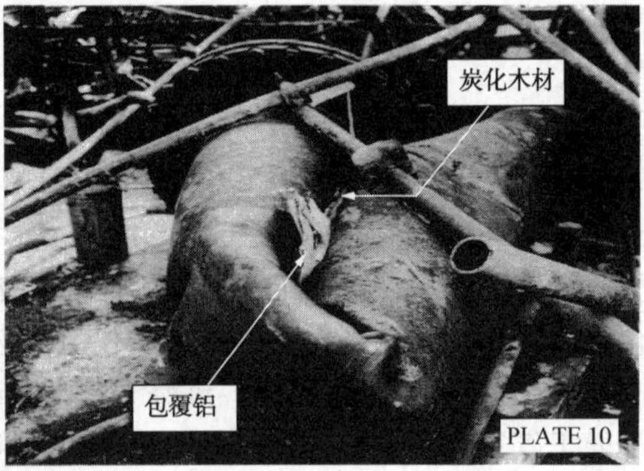

图 3.24　毁坏的 20in 管道

图 3.25　Flixborough 工厂遭到毁坏

图 3.26　Flixborough 控制室遭到毁坏

3.11.3　事故原因

替代管道的设计缺陷，导致管道失效。据调查发现依据“狗腿”型设计，在管道安装时并没有考虑到其能承载的弯矩和液压水平推力，不仅没有提到关于膨胀波纹管的供应商手册，还没有提到相关的英国标准，更没有绘制设计图纸(资料来源于调查法院，1975 年)。

3.11.4　事故主要教训

变更管理(第 2.14 节)：对工艺流程或设备的变更必须由熟悉情况的人员进行审查和实施。作为 MOC 程序重要性的主要例子，该事件在过程安全历史上起到了非常重要的意义。在该事件中，根本没有对这一变更进行工程审查。正如事故原因部分所示，在变更过程中没有考虑到重要的机械设计性能。

在此事例中，Flixborough 内的组织变更管理(MOOC)和物理变更的重要性同样凸显出来了。在 Flixborough 中，工程师已于今年年初离职，至今岗位仍空缺。在规划和安装旁路线路时，现场没有符合条件的工程师来进行恰当的机械设计，或就相关问题提供关键的技术审查。员工中有化学工程师和电气工程师，但没有其他机械工程师。关于 Flixborough 的这次变更，人们经常这样陈述，“他们不知道他们不知道什么”，即使有机械工程师的参与，如果没有进行 MOC 审查，这一结果并不会被改变，更有可能的是，工厂里人员可能已经意识到这一变更的重要性。MOOC 包括改变工作条件、人员流动、更改任务分配、组织层次结构更改和组织策略更改。*过程安全管理指南中组织变更期间的风险*(CCPS，2013 年)更详细地涵盖了这一主题。

标准符合性(第 2.3 节)：如摘要所述，工地办公楼被毁。当时，即 1974 年，还没有制定关于设施选址和布局的标准。这一事件也说明了为什么现在有“API RP 752，与工艺厂房位置有关危害的管理”这一标准。

3.11.5 调查报告的参考资料和链接

- CCPS 2008，“Incidents That Define Process Safety”，American Institute of Chemical Engineers，New York，NY，2008.
- CCPS 2013，Guidelines for Managing Process Safety Risks During Organizational Change，American Institute of Chemical Engineers，New York，NY，2013.
- CCPS Process Safety Beacon，Flixborough-30 Years Ago，June 2004.（http://sache.org/beacon/files/2004/06/en/read/2004-06%20Beacon-s.pdf)
- CCPS Topics，Incident Summary：Flixborough Case History.（http://www.aiche.org/ccps/topics/elements-process-safety/commitment-process-safety/process-safety-culture/flixborough-case-history)
- Her Majesties Stationary Office，The Flixborough Disaster-Report of the Court of Inquiry，1975.
- API RP 752，Management of Hazards Associated With Location of Process Plant Buildings，3rd Edition，American Petroleum Institute，December 2009.

3.12 应急管理：桑多兹仓库火灾，瑞士，1986 年

3.12.1 事故概况

1986 年 11 月 1 日，瑞士巴塞尔附近的桑多兹仓库发生火灾。火灾发生在一

个没有配备洒水设施的仓库内，是一个长 90m，宽 50m，高 8m(300in×165in×26in)高堆配置的化学品仓库。该仓库储存至少 90 种不同的化学品，约 1350t 重，其中包括杀虫剂、除草剂、含汞农药和磷酸酯等。当火苗正从屋顶冒出来才发现发生了火灾。钢制的化学品桶在高温下像炸弹一样爆炸(图 3.27)。大部分储存的化学品在火灾中被销毁，但大量的化学物质通过消防水的流径，进入大气、莱茵河和土壤中，以及现场的地下水中。在灭火过程中，出动了近 400 名消防员，用了 10000~15000m^3 的水，而当时的处理水的系统仅能容纳 50m^3 水。据估计，进入莱茵河的化学物质的确切数量在 13~30t 之间，形成了 40km(25miles)长的有毒红色化学污染带，以 3km/h 的速度顺流而下，导致水生生物遭到广泛的破坏，事件发生后一年多的时间水生生物才开始逐步恢复。如图 3.28 所示。

图 3.27　Sandoz 仓库消防救援(图片来自 CCPS，2008 年)

图 3.28　Sandoz 仓库火灾消防径流的影响(图片来自 CCPS，2008 年)

后来发现，几乎所有用于灭火的水都经暴雨后，直接流入莱茵河。桑多兹必须补偿受该事件影响到的国家。火灾的原因尚未确定。

3.12.2　事故主要教训

应急管理(第 2.17 节)：事件发生前，将事件有可能涉及的各方全部组织起来制定重大事件的处理方案是很重要的。除非是事先计划好的，否则一旦事件发生，人们只能基于可能并不正确的认知进行处理，响应将很被动。在发生仓库火灾时，当地消防部门作出响应，这是不足为奇的。而在本案例中，正是由于消防工作计划的失败导致了一场重大的环境灾难。

类似事件：1997 年，在阿肯色州西赫勒拿的一场仓库火灾中发生爆炸，造成 3 名消防员死亡，16 人受伤。应急计划本可以建议消防队员远离含有爆炸分解材料的建筑物，以免造成伤亡。

3.12.3 事件调查报告参考资料和链接

- CCPS 2008, "Incidents That Define Process Safety", American Institute of Chemical Engineers, Center for Chemical Process Safety, New York, NY, 2008.

3.13 操作守则：埃克森瓦尔迪兹，阿拉斯加，1989年

3.13.1 事故概况

1989年3月24日凌晨12：04，埃克森瓦尔迪兹号(Exxon Valdez)在阿拉斯加海岸外威廉王子湾的一个礁石上搁浅(见图3.29)。造成大约有1.1×10^7gal或257000桶石油溢出，约1300miles的海岸线受到影响，其中200miles的海岸线受到严重或中度的影响。埃克森美孚斥资21亿美元用于清洁(埃克森瓦尔迪兹石油泄漏托管理事会)。

图3.29 埃克森瓦尔迪兹油轮泄漏石油(图片来自埃克森瓦尔迪兹石油泄漏托管委员会)

3.13.2 事故详细经过

晚上11：25，国家引航员(引导船出港)离开了船，船长随后向船舶交通中心报告说他正在提高航速，如果没有因冰山造成航行冲突，Exxon Valdez号将从出港航道转向进入入港航道。交通中心报告说没有船舶在入港航道，并表示同意其驶入。实际上这艘船已经行驶超越了进港航道。

晚上11：52，船长命令在计算机程序上为发动机置"加载程序"，发动机速度将在43min内从55r/min提高到全速航行时的78.7r/min。船长和舵手商量了从哪里以及如何把船驶回指定的航道，然后离开了船桥。大约午夜时分，船撞上了礁石。舵手描述触礁过程为"颠簸的航行"，另一个同伴描述为"非常剧烈的颠簸"。撞击造成11个货舱中有8个被刺穿。Exxon Valdez号上的计算表明，在最初的3.25h里有580×10^4gal原油从油轮里涌出(埃克森瓦尔迪兹石油泄漏托管理事会)。如图3.30~图3.32所示。

图 3.30 岸上的浮油(图片来自埃克森瓦尔迪兹石油泄漏托管委员会)

图 3.31 一艘带有水箱和溢油处置装置的大型驳船正在冲洗威廉王子湾海滩
(图片来自埃克森瓦尔迪兹石油泄漏托管委员会)

图 3.32 清洁工人用高压软管冲洗被油污染的岩石
(图片来自埃克森瓦尔迪兹石油泄漏托管委员会)

3.13.3 事故原因

人们普遍认为，人为错误是造成这一事件的主要原因。事实上，除了简单的“人为错误”之外，还有几个原因。国家运输安全委员会对此进行了深入调查并确定了可能的搁浅原因有：

(1) 埃克森航运公司对船长监管不力，并未能为埃克森瓦尔迪兹号配备足够的船员以及给予船员充足的休息。

注：

- 1977 年，一艘油轮的平均配置为 40 名船员，而埃克森瓦尔迪兹号仅配置 19 名船员；
- 船员们常规轮班时长为 12~14h；
- 船员们装载油船及驶离港口均十分仓促。

(2) 美国海岸警卫队未能提供有效的船舶交通系统。

注：瓦尔迪兹号雷达站将用性能较低的雷达替换了原有雷达，用这种设备无法监测布莱礁附近油轮的位置。

(3) 缺乏有效的引航和护送服务。

注：持续追踪船只直至布莱礁的惯例已经停止，油轮船员从未被告知过这种情况。

(所有备注来源于 Leveson，2005 年。)

3.13.4 事故主要教训

操作守则(第 2.16 节)：在第 3.10 节的福尔摩沙塑料爆炸事件中也提到了操作守则。在埃克森瓦尔迪兹的搁浅中，如上文所述，船舶运行的几项操作要求并没有被遵循。另一个操作守则问题是埃克森航运公司未能监督船长。当你开始在石化或其他加工厂工作时，你可能会听说“管理层巡视”。工厂管理层需要花一些时间在现场，观察工厂的状况和人员的行为，并与他们沟通。正是通过这样的活动，管理者才能够观察到最新的一套指令是否得到了遵守，如英国石油公司得克萨斯市爆炸案中所涉及的内容(第 3.1 节)。在本案中，船员是否得到了足够的休息，按照他们的程序行事的人是否遵守了操作守则都是问题所在。

变更管理(第 2.14 节)：事故原因 2 和事故原因 3 显示，船舶被引航出威廉王子湾的方式发生了两大变化。岸上雷达降级，追踪船只直至布莱礁的惯例做法已经停止。据指出，船员没有被告知这一惯例的停止。变更管理评审(评审团队中包括一位航船公司代表)的实施本应该阻止这一变更，或者允许船只相应地调整其操作。

3.13.5 调查报告的参考资料和链接

- Exxon Valdez Oil Spill Trustee Council website. (http://www.evostc.state.ak.us)

• Leveson 2005, Leveson, Nancy G, "Software System Safety", July 2005. (http://web.archive.org/web/20101108055426/http://ocw.mit.edu/courses/aeronautics-and-astronautics/16-358j-system-safety-spring-2005/lecture-notes/class_notes.pdf)

3.14 标准符合性：墨西哥城，Pemex 液化石油气站，1984 年

3.14.1 事故概况

1984 年 11 月 19 日，一个液化石油气站内的液化石油气(LPG)释放燃烧，导致了一系列 LPG 储罐爆炸。爆炸造成了约 600 人死亡，约 7000 人受伤，200000 人被疏散，气站被毁。早在气站建成后，附近搭建了很多简单的砖房或木屋，其中最近的地方离液化石油气储罐只有 130m(426ft)远，本次事故的很多受害者当时就住在这些砖房和木屋中。

3.14.2 事故详细经过

如图 3.33 所示，液化石油气压力储存包含 4 个 $1600m^3$ 的球罐和 2 个 $2400m^3$ 的球罐，外加 48 个不同容量的水平圆柱形储罐，所有储罐都被 1m 高的混凝土围护结构圈存起来。气站库区通过三条地下管道从数百公里外的偏远炼油厂接收液化石油气。该气站通过地下管道将液化气输送给本地的煤气公司，有时也会在 LPG 装瓶厂进行装瓶，并通过公路和铁路进行运输。该气站还包括两个地面燃烧坑和一个具有水池、消防水泵以及水喷雾系统的完善的消防系统。

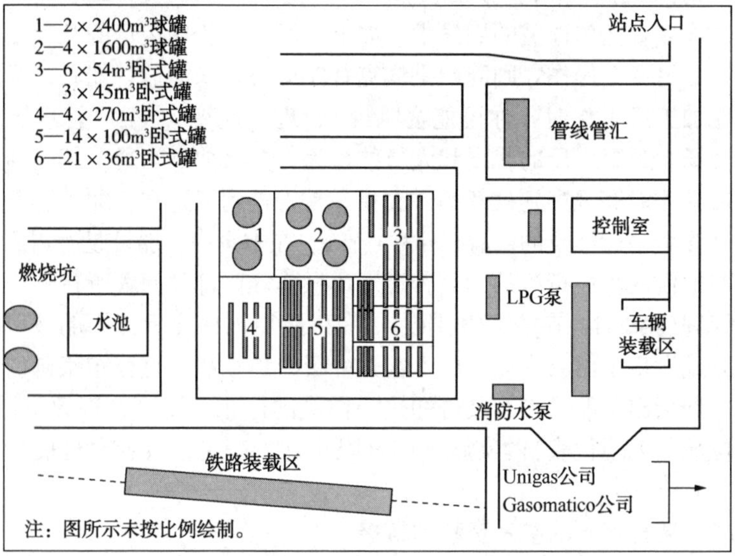

图 3.33 PEMEX LPG 气站布置图(图片来自 CCPS，2008 年)

该事故 LPG 释放的原因曾被明确确定过，其中有一种说法是(Lees，1996 年)，当时发现控制室和泵站的压力都下降了，压降可能是由球罐和其他系列储罐之间的 8in 管道破裂引起的。然而不幸的是，操作人员无法确定压降的原因。另一说法是(CCPS，2008 年)管道超压导致泄漏(与 Lees 说法一致)，或是由储罐过量充装导致。CCPS 指出，由于水平储罐的尺寸较小，在充装时为防止溢流，必须每30~45min 切换到另一个储罐。LPG 的释放持续约 5~10min 后，形成了大约200m×150m×2m(660ft×490ft×6ft)大小的气云，然后漂移到火炬烟囱。点燃后的气云对地面形成了猛烈的冲击，继而发生了很多处地面火灾。工厂里的工人采取了多种行动试图处理释放。在爆炸发生后仍有 LPG 持续向气站罐区输送，大约 1h 后有人按了紧急停车按钮。

爆炸威力巨大，导致卧式储罐被从支撑结构上抛离，并导致相关管道破裂。随后引发了 9 次爆炸和沸腾液体蒸气爆炸(BLEVE)。爆炸导致这 4 个球罐完全被毁，碎片散落在地上，有些碎片散落在 350m(1150ft)远的公共场所。球罐支撑由于大火的高温而塌陷。只有 4 个水平圆柱形储罐幸免于毁，其中 12 个被弹射出距其支撑架超过 100m 远的地方(330ft)，最远的被发射到 1200m(3940ft)外。气站内的建筑物及公共房屋进入气体后被点燃，引发超压爆炸。气站爆炸前后的图片如图 3.34 和图 3.35 所示。

3.14.3 事故原因

由于破坏程度严重，且大多数 Pemex 人员在火灾和爆炸中丧生，已经无法确定最初 LPG 释放的原因。对这起事故发生和发展起到影响的因素有：缺乏在重大火灾情况下能够提高关键系统有效性的被动防火系统，以及固定消防系统的破坏。然而，也有人提出，本案例气站中安装的喷雾系统在任何事故情况下都不足以保护储存容器。

3.14.4 事故主要教训

标准符合性(第 2.3 节)：这个气站库区的设计没有遵循设施选址和布局的标准。例如，液化石油气储罐布置距离过近。若能在较广的空间内设置更为合理的储罐布局，再配以良好的排污和液化石油气泄漏控制系统，就可以减小事故的后果(例如，可降低 BLEVE 的机会和减少液化石油气的释放量)。更好的通道可以更好地控制火灾和控制泄漏(Lees，1996 年)。

另外，如图 3.34 所示，一些水平储罐末端指向球罐。在 BLEVE 发生时，水平储罐的末端很可能向其轴线方向发射，使得事故升级扩大。图 3.35 为爆炸后的 PEMEX LPG 气站。

气站与周围居民距离过近导致了高死亡人数。通常情况下，周边居民并不是在工厂建设之初就在，而是在工厂建成后搬过来的。建厂时应考虑在场地周围购

图 3.34 爆炸前的 PEMEX LPG 气站(图片来自 CCPS, 2008 年)

图 3.35 爆炸后的 PEMEX LPG 气站(图片来自 CCPS, 2008 年)

买额外的土地，以提供缓冲区。现在许多公司都采用定量风险评估技术来对石化企业现场和场外的个人风险进行评估，厂区周围附近的人口密度通常是这些风险技术研究的输入参数之一，厂外人口一旦有重大变化时，这些研究将需要进行审查，以查看他们的结论是否仍然有效。

3.14.5 调查报告参考资料和链接

- Lees 1996, Lees, F. P., 'Loss Prevention in the Process Industries-Hazard Identification, Assessment and Control', Volume 3, Appendix 4, Butterworth Heinemann, ISBN 0 7506 1547 8, 1996.
- HSE Website, Case Studies. (http://www.hse.gov.uk/comah/sragtech/casepemex84.htm)
- CCPS, 2008, "Incidents That Define Process Safety", American Institute of Chemical Engineers, Center for Chemical Process Safety, New York, NY, 2008.

• CCPS 2003，Guidelines for Facility Siting and Layout，American Institute of Chemical Engineers，Center for Chemical Process Safety，New York，NY，2003.

3.15 过程安全文化：印度博帕尔异氰酸甲酯释放事件

3.15.1 事故概况

1984 年 12 月 3 日午夜过后，印度博帕尔的一家农药工厂向大气中释放了大约 40t 的异氰酸甲酯(MIC)，这一事件是一场灾难。具体的受灾数字仍有争议，但较保守的数值估计至少有 3000 人死亡，受伤人数估计在数万至几十万人之间。事件的发生起始于水进入了一个储存 MIC 的储罐。

3.15.2 事故详细经过

MIC 是一种易燃且毒性极强的液体，它能与水发生非常强烈的放热反应。事故发生时有水进入 MIC 储罐，并发生了放热反应。但是人们至今仍然不能确定水是如何进入 MIC 储罐的。关于到底发生了什么，有如下几种理论：一是水通过共用放空管线从百米开外的某个源头回流进入储罐；另一个说法是，水是被一位心怀不满的员工故意引进的；也有理论认为，由于储罐不带压，随着时间的推移，水从洗涤器慢慢进入储罐，又或者水和氮气的软管出现了连接混乱而导致罐内进水(Macleod，2014 年)。

无论最初的水污染来源是什么，如若没有出现下列系统故障，应可以减轻这一事件的后果，见图 3.36。

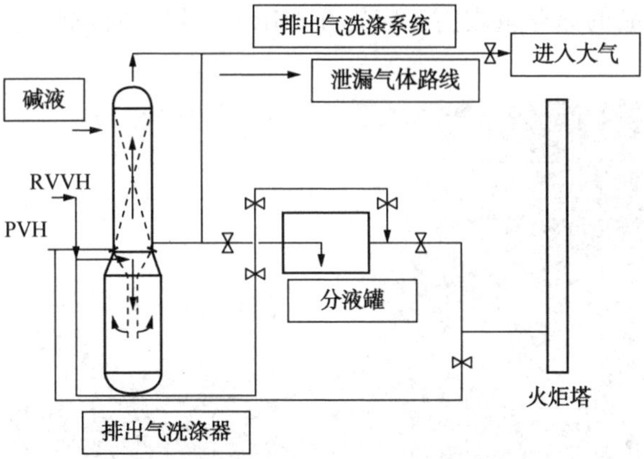

图 3.36 紧急泄放物料处理系统示意图(包括洗涤器和火炬塔)

• 压力表指示和高温警报器本可以表明警告反应失败；
• 液体 MIC 的制冷系统为了省钱而被关闭，冷却系统本可以移除反应热，以防止或减少 MIC 的沸腾数量；

- MIC 储罐的泄放口被导向一个可以稀释解毒 MIC 的洗涤器，然而，洗涤器被关闭了；
- 洗涤器尾气原本设计是排放到火炬系统，但是，由于正在修复腐蚀管道，火炬系统断开了与工艺流程的连接；
- 原本设计用来吸收 MIC 蒸气的固定水幕不够高，无法到达气云高度来吸收 MIC 蒸气。

3.15.3 事故主要教训

过程安全文化(第 2.2 节)：博帕尔工厂在严重的成本压力下运转，是因为该产品的销售量仅为工厂设计能力的 1/3。为了省钱，不仅安全系统被关闭，而且连工厂本身的维护费用也被砍掉了，工厂已经处于失修状态，相应的人员配置和培训也有所减少。所有这些都证明了这是一种将成本置于过程安全文化之上的做法。

危害识别与风险分析(第 2.8 节)：本质安全是一种过程安全的方法，它强调减少或消除危害，而不是控制它们。博帕尔就是一个例子，说明了“最小化”的本质安全策略(其他策略还包括替代法、减量法、简化法)，如何实现降低事件后果的。最小化策略可以用一句谚语来概括：“你没有的东西是不会泄漏的”。MIC 作为一种中间体，在生产农药赛维因的过程中起着重要的作用。博帕尔工厂有 3 个 15000gal 的 MIC 储罐(见图 3.37)。大型中间储罐为化工生产过程提供了灵活性，然而，就 MIC 而言，大量库存意味着风险的增加。这里的主要教训，是在确定危险化学品的储存量之前，应先在 HIRA 过程中对危险化学品的危害进行评估。

图 3.37 事件发生后不久拍摄的照片(图片来自 Willey，2006 年)

注：照片的左侧显示了管架，右侧的中心位置是用于 MIC 半地下储罐(共 3 个)。

变更管理(第 2. 14 条)：关闭保护系统必须包含在变更管理评审范围之内。博帕尔工厂设计了几个用以防止 MIC 释放的保护层。当相关保护层被移除后，实际上也可通过加强监测或减少储存量等措施来弥补，然而其保护策略并未做任何调整。

3. 15. 4 调查报告参考资料和链接

- CCPS 2008, "Incidents That Define Process Safety", American Institute of Chemical Engineers, Center for Chemical Process Safety, New York, NY, 2008.
- U. S. Chemical Safety and Hazard Investigation Board, Video-Reactive Hazards-Four major incidents illustrate the dangers from uncontrolled chemical reactions. (http://www.csb.gov/videos)
- Macleod 2014, Macleod, Fiona, Impressions of Bhopal, Loss Prevention Bulletin, Vol. 240, p. 3-9, December 2014.
- Willey 2006, Willey et al., "The Accident at Bhopal: Observations 20 Years Later", Presentation to AIChE Spring National Meeting, April 2006.

3. 16 从失败的经验中学习：BP 马里亚纳井喷，墨西哥湾，2010 年

3. 16. 1 事故概况

本节的大部分信息来自海洋能源管理条例和执法局的一份报告(BOEMRE, 2011 年)。2010 年 4 月 20 日晚上 9：50 左右，在 Macondo 的"深水地平线"钻井平台上，发生了由碳氢化合物涌入引发的井喷事故。井喷的原因之一是生产套管管柱中的水泥屏障失效(套管即设置在井内的高强度钢管，用来确保油井的完好性，并使今后的生产得以进行)。水泥屏障的失效使得碳氢化合物通过提升管流入井筒，继而进入钻井平台，导致井喷。井喷后不久，通过泥浆—气体排放管流入钻井平台的碳氢化合物伴随着两次爆炸被点燃。不断流入的碳氢化合物为钻井平台上持续燃烧的大火提供了充分的燃料，直到 4 月 22 日钻井平台沉没(图 3. 38)。当天晚上造成 11 人死亡。在接下来的 87d 里，将近 500 万桶石油从 Macondo 油井排入墨西哥湾(Boemre, 2011 年)。

3. 16. 2 事故详细经过

这口油井被临时关闭。生产套管是一种安装在井筒内的高强度钢管，用以确保油井的完整性，并保障日后的生产。该套管于 4 月 18~19 日安装，它被安装在层状砂页岩带，而不是坚固的页岩地层。

4 月 19 日开始水泥固井作业。用水泥来封井，以防止碳氢化合物流入油井。在钻井过程中，发生了钻井泥浆进入地层大量流失的情况。BP 石油公司的工程

图 3.38　深水地平线发生火灾(图片来自 CSB，2010 年)

师们选择了将损失降到最低的固井方式。为此他们减少了水泥的用量、降低了惯用的泵速，并使用了与原计划不同的水泥。作为水泥供应商以及水泥封井工作的承包商，Halliburton 公司在施工时并没有完成对所提议的水泥混合料进行稳定性确定试验。

井喷后的研究表明，该水泥并不符合 API RP 65 标准，即“深水油井浅水流动带固井”这一标准。

机组人员通过比较流入井内的物料量和返回的出料量，对水泥固井作业进行监测。他们认为已经看到进出井物料达到了完全平衡，于是判定固井工作已经成功。后来对数据的检查表明，多达 80 桶(3360gal)的物料可能已经丢失。

固井完成后，进行了油井完整性测试。试验结果表明，钻杆压力呈上升趋势，这表明水泥屏障已经失效，正有物料流入井内。试验多次重复，均呈现负面结果。由于不相信结果，机组人员提出一个错误的理论来解释这些差异性。在最后一次试验中，由于坚信水泥屏障已经“注射”成功，所以取消了原本可作为决定性试验的水泥胶结测井。BOEMRE 的调查指出，“井喷的主要原因是生产套管柱中的水泥屏障失效”(BOEMRE，2011 年)。

对这种行为的一个非常简单的解释是，根据对进出物料的原始监测，机组人员认为水泥封井作业是成功的，而任何相反的证据都被合理化了。关于对这种“确认偏差”更全面的描述见霍普金斯(2012 年)。

在确定固井作业成功后，机组人员开始完成临时弃置程序的作业。在此期间，应该对油井进行异常监测，特别是“井涌”(烃流入井内会迫使钻井泥浆回流至油井)。“井涌”是由井的流入和流出的不平衡来检测的，流出的泥浆被引导到泥浆池中，并且通过泥浆池内液位变化的异常速率来指示是否发生“井涌”。在本案例中，机组人员开始将泥浆引导到两个泥浆池，而不是一个泥浆池中，再分别将它们引导到其他泥浆池中，从当前钻机引到另一个船中，从而降低了快速检测“井涌”的能力。所有这些操作都违反了业主对油井监控的规定。当确实发生“井涌”时，机组人员则未能及时检测到。

在此期间，一些泥浆罐和泥浆池中的液位正在上升。在15min内，泥浆池液位上升量达到100桶(4190gal)。机组人员的反应是试图通过开井来排放压力。这表明他们仍然不知道这口井内实际上是流通的。泥浆-气体分离器(图3.39)很快被淹没，大量碳氢化合物流到钻井平台上。井喷出的碳氢化合物原本可被输送至转向器，并被引导离开井架，然而，机组人员并不清楚关于何时启用转向器代替泥浆-气液分离器的程序(BOEMRE)。

图3.39　泥浆-气体分离器位置(图片来自TO，2011年)

钻井平台上的气体警报开始响起。平台警报系统并没有设置为自动响起，因此在气体警报响起后，控制室不得不手动启动平台警报。警报后，引擎室的操作员要求指示，但从未被告知关闭引擎。发动机后来被确定为可能的点火源。在第一次气体警报响起12min后，才通知人员撤离。

在Macondo油井，海底有一个大型防喷器(BOP)，高17m(57ft)，重399mt(400t)，用于在紧急情况下封堵井口。有一个可变径闸板(VBR)设计用来密封钻杆周围和“环形环”设计用来关闭钻杆周围(图3.41)，以上两种设计都被机组人员激活，另有一个全封闭防喷器闸板(BSR)设计也是如此，用来切割钻杆和封井，机组人员当时未激活 BSR，但后来发现 BSR 被激活了，可能是由于油井信号丢失导致其被激活(设计意图)，又或是后来被遥控激活了。然而，不管是哪种情况，它都未能成功封井。后来的调查显示，钻杆在事件发生时已经变形了，脱离了 BSR 闸板区域外。见图 3. 40。(请参阅链接部分中 CSB 网站上的链接，查看描述 BOP 操作及其失败原因的视频)

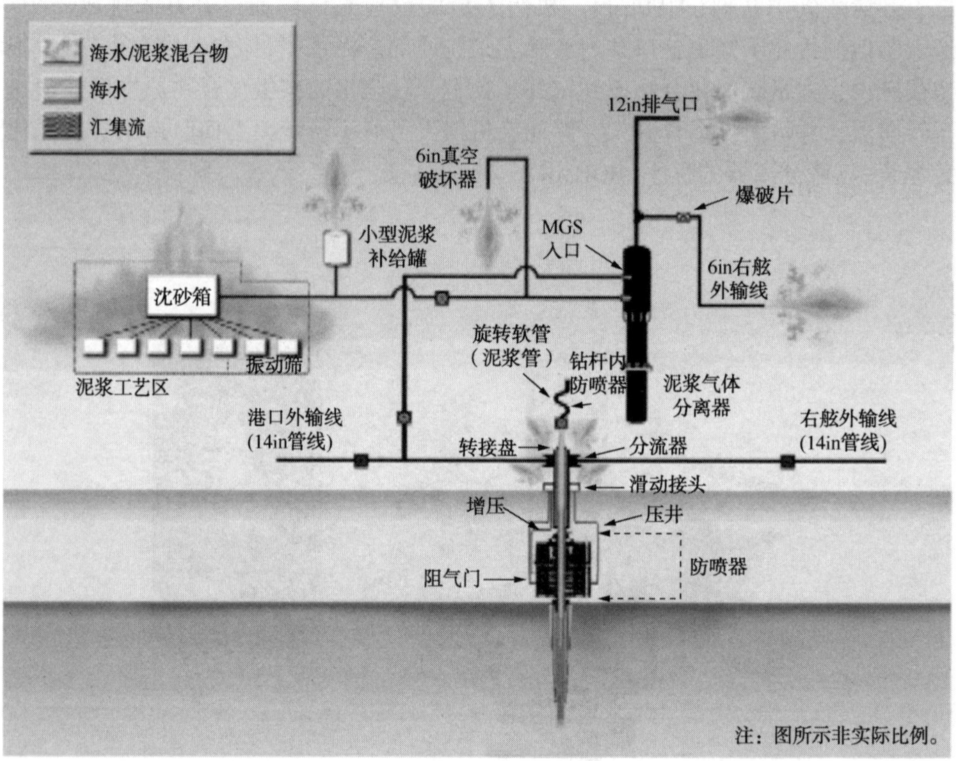

图 3. 40　气体释放点(图片来自 TO，2011 年)

3. 16. 3　事故主要教训

从经验中学习：第 2. 1 节介绍了过程安全的四大支柱。第四个支柱即是“从经验中学习”。深水地平线井喷事件十分充分地说明了从经验中学习的必要性。

事件调查：30min 内未发现“井涌”是最简单的未从经验中学习的例子。2010 年 3 月 8 日事先就发生了一次“井涌”，同样也是 30min 内未发现。在油井作业中，对“井涌”的检测和反应是一个关键的安全屏障。按照英国石油公司内部要求，3 月 8 日发生的未被检测到“井涌”事件本应已经调查过了。BOEMRE 报告(第 110 页)指出，没有进行调查是造成这一事件的原因之一。

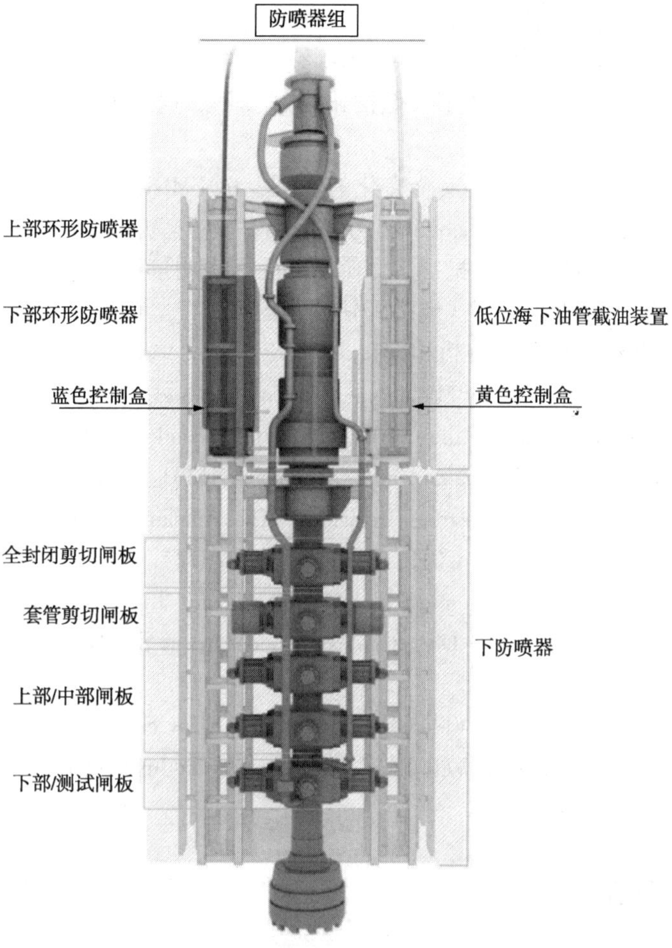

图 3.41 Macondo 油井防喷阀

未能从其他钻井类似事件中吸取教训是另一个未从经验中学习的例子。2008 年，里海的 BP 钻井平台发生井喷。据报告，里海井喷事件是由于水泥固井作业不佳导致的，造成 211 人从钻井平台撤离，平台关闭 4 个月。2009 年 12 月，一次类似“深水地平线”事件发生在英国近海由 TransSea 运营的一个钻井平台上。机组人员当时已经完成了泥浆驱离工作，并进行了压力测试。他们停止了监视，然而当泥浆开始流入钻井平台时，他们感到十分惊讶。与 Macondo 井喷事故不同的是，在这起事件中，他们是能够关闭油井的。“深水地平线”的机组人员和工程师并没有从这些事件中吸取教训。作为钻井平台的业主和运营公司，Transcope 编写了一份关于本事件的报告，并向北海舰队发布了一份业务咨询意见。报告和咨询意见似乎都没有发送给“深水地平线”(Hopkins，2012 年)。

过程安全文化：在第2.2节中列出了良好的过程安全文化的特点。其中包括**保持脆弱感和建立学习/提问环境**。“深水地平线”事件则显示了不良安全文化的后果。

水泥屏障的压力试验失败了，但被错误解释了。这是缺乏学习/提问环境和缺乏脆弱感的表现。

进一步证明这一点是缺乏安全文化的表现，BOEMRE的报告声明：“在4月20日井喷前的几周里，BP Macondo小组做出了一系列为降低成本从而增加风险的运营决定”。并且调查小组指出“没有发现证据表明削减成本和节省时间的决定，已受到BP制定的各种正式风险评估程序的审核”。

3.16.4 调查报告参考资料和链接

- Bureau of Ocean Energy Management Regulation and Enforcement(BOEMRE), Report Regarding the Causes of the April 20, 2010 Macondo Well Blowout(September 14, 2011). (http://docs.lib.noaa.gov/noaa_documents/DWH_IR/reports/dwhfinal.pdf)
- Hopkins, Andrew, Disastrous Decisions: The Human and Organizational Causes of the Gulf of Mexico Blowout, CCH, Sydney, AU(2012).
- CSB 2010, U. S. Chemical Safety and Hazard Investigation Board, Investigation Report No. 2010-10-I-OS, Explosion and Fire at the Macondo Well, Vol. 1 (June 5, 2014).
- Chemical Safety Board Video Room. (http://www.csb.gov/videos)
- TO, 2011, Macondo Well Incident, Transocean Investigation Report, Vol. 1 (June 2011).

3.17 小结

本章总结了16起事件，说明过程安全管理(PSM)要素的重要性。提高对历史事件和教训的认识，意识到为这些事件所付出的惨重代价。世界著名的过程安全专家特雷弗·克莱茨经常引用“组织没有记忆，只有人有记忆”这句话。通过本章提供的一组历史事例，为职业生涯的开启提供帮助。

此外，本章还介绍了“瑞士奶酪事故”模型，说明了事故的发生通常是由一个以上的原因造成的。大多数工艺都设计有多个保护层，然而，没有任何保护层或保障是100%完美的，每个保护层都有“漏洞”，当多重故障同时出现时，就会发生事故，好比多层“瑞士奶酪”的多个洞连成直线。PSM的众多目标之一就是让贯穿“漏洞”的道路出现的可能性尽可能小。如“瑞士奶酪模型”等所表述的保护层对于防止或减轻安全损失是必不可少的，这些必须由PSM(过程安全管理)系统的要素来维持。

前文提及的一些事件对过程工业或当事公司以及整个 CPI 起到了关键性的影响。

在得克萨斯州市炼油厂爆炸中丧生的人(第 3.1 节)根本没有参与这一工艺过程，也不需要被安排在如此接近危险装置的位置进行作业。这一事件直接导致了 API 设施选址的重大修订，API 推荐实践 752：与加工厂永久性建筑物位置相关的危害管理。API 还建议实践 753：与加工厂移动式建筑物位置相关的危害管理。

阿尔法火灾和爆炸事故(第 3.7 节)使英国在海上设施安全状况报告条例中制定了更严格的海上安全要求。生产组织者必须向英国提交安全状况报告以证明其操作的安全性。另一个变化是，原本由英国能源部负责执行的安全状况报告管理被转移到健康安全部(HSE)负责，以避免生产与安全之间发生潜在的冲突。

Flixborough 事件(第 3.11 节)通常被认为是需要对变更项目进行良好管理的主要例子。"他们不知道他们不知道什么"这个短语经常被提到。这也是必须遵循现代设施选址规则的一个例子。

埃克森·瓦尔迪兹事件(第 3.13 节)的产物之一就是埃克森开发了其"操作完整性管理系统"(OIMS)。这是埃克森美孚的安全和 PSM(过程安全管理)系统。埃克森美孚的 OIMS 先于 OSHA PSM 在美国的规定，其由 11 个元素组成，与 CCPS 所开发的元素基本一致，比 OSHA PSM 标准更全面。有关 OIMS 的更详细解释可在以下网址查阅：

http://cdn.exxonmobil.com/~/media/Brochures/2009/OIMS_Framework_Brochure.pdf

如第 3.15 节所述，博帕尔事件促成了 CCPS 的成立。博帕尔事件同第 3.14 节中提到的仅几个月前发生的 PEMEX 爆炸事件，都是第二章中提到的 OSHA PSM 法规的关键驱动因素。建造博帕尔工厂的联合碳化物公司在化工行业中的技术专业知识方面享有良好的声誉。但博帕尔事件表明，仅有技术能力还远远不够，管理系统也在过程安全方面中发挥着关键作用。

3.18 参考文献

3.1 Incidents That Define Process Safety, American Institute of Chemical Engineers, Center for Chemica Process Safety, New York, NY, 2008.

3.2 Mannan, Sam, Lees' Loss Prevention in the Process Industries (Third Edition), Elsevier, Amsterdam, 2005.

3.3 Reason, James. "The Contribution of Latent Human Failures to the Breakdown of Complex Systems". Philosophical Transactions of the Royal Society of London. Series B, Biological Sciences 327(1241): 475-484. April 12, 1990.

4 工程学科的过程安全

4.1 概述

本章重点介绍新入职工程师在其入职的最初12~24个月内，在流程工业企业或工厂内的角色。第2章描述了基于风险的过程安全管理的20个要素。表4.1给出了新入职工程师可以参与的相关要素。本章介绍了化学工程师、机械工程师、土木工程师、仪表工程师和电气工程师(I&E)、过程控制与安全工程师的作用，以及他们如何与一些关键的过程安全要素相互联系。

表4.1 新入职工程师的过程安全活动

要素	活动	专业
过程安全承诺		
过程安全文化	学习岗位过程安全职责	所有
遵守标准	学习并应用适用于工艺过程和设备的标准和法规	所有
过程安全能力	利用培训机会	所有
员工参与	做贡献； 听取操作员、技术员等的意见	所有
利益相关者外延	了解组织的外延工作	所有
了解危害和风险		
过程安全信息管理	确保过程安全信息的准确性； 熟悉安全数据表； 开发反应矩阵； 开发和更新设计基础算法； 开发和更新管道仪表图(P&IDs)； 核验电气分级； 开发自动化逻辑图和因果图； 维护设备文件(设计和制造信息)	所有； 所有； 化学工程师； 化学工程师； 化学工程师； 电气工程师； 电气和控制工程师； 机械工程师

续表

要　素	活　动	专　业
危害识别与风险分析	参与危害识别与风险分析； 收集所需的过程安全信息； 审查适用的公认和普遍接受的良好工程实践； 汇编行业事故事件； 土木/结构工程师负责审查地震和超压事件等冲击载荷对结构的影响	所有； 化学工程师； 所有； 所有； 土木工程师
	风险管理	
操作程序	编写新的操作程序； 更新操作程序	化学工程师
安全作业	填写许可证； 批准许可证	安全工程师； 安全和化学工程师
设备完好性和可靠性	识别检验、测试和预防性维护(ITPM)方案所覆盖的设备； 编写检验、测试和预防性维护程序； 分析检验结果； 批准和监管维护； 维护检验、测试和预防性维护记录； 安全控制、报警、联锁和安全仪表系统测试； 结构完整性审查	化学和设备工程师； 设备工程师； 设备工程师； 设备工程师； 设备、电气和控制工程师； 土木和结构工程师
承包商管理	承包商安全事宜审核批准； 培训承包商	安全工程师； 所有
培训及绩效保障	一般不适用于新工程师	
变更管理	识别变更； 参与变更管理； 收集所需的过程安全信息； 审查适用的公认和普遍接受的良好工程实践	所有； 所有； 所有； 所有
运行准备	参与运行准备评审； 收集所需信息	所有； 所有
运行过程	根据标准和操作程序执行所有任务	所有
应急管理	了解所在区域的应急响应方案	所有
	吸取经验教训	
事故	参与调查； 识别未遂事件	所有； 所有
指标	记录和维护数据； 分析数据	所有； 所有
审核	收集审核所需信息	所有
管理评审	一般不适用于新工程师	

土木/结构/岩土工程师同样也发挥着作用，尤其是在存在地震威胁的区域，以及腐蚀会削弱结构支撑构件或损坏(如防火堤等二级容纳的区域等)。

像消防工程和环境工程等工程专业通常也会加入其中，当然也包括过程安全工程专家。

4.2 工艺过程知识管理

当新入职工程师开始在一个工艺过程工厂工作，或进行工程过程设计或工艺过程开发时，无论他(或她)的工程专业是什么，都应该了解工厂和工艺过程中的过程安全危害是什么。工程师应熟悉现有的过程安全信息(PSI)，以清楚工艺过程的危害和工程控制。化学工程师、机械工程师、仪表工程师、电气工程师和控制工程师都要参与过程安全信息的开发和维护。

化学工程师(通常充当工艺过程工程师的角色)负责保存工艺过程信息，如化学品的危害、化学反应及反应危害、热量和质量平衡、泄压装置的规格信息数据库和计算数据，以及最新的管道仪表流程图(P&ID)等等。在研发和扩建阶段，建立和归纳过程安全信息(PSI)将成为化学工程师职责的一部分。

机械工程师(行业中有时称为可靠性工程师)负责开发工艺设备相关的过程安全信息，以及维持信息持续更新的管理体系和活动。这些内容包括应该遵循的设计规范、容器信息[如最大允许工作压力(MAWP)、结构材料、管道和设备应力开裂的薄弱点等]、热循环以及可能导致危险事件的应力分析。在项目的设计阶段，机械工程师可以与化学工程师合作，对比工艺设备的可靠性和可维护性信息，选择工艺设备。较为可靠的设备将提高化工工艺过程的安全性。

在项目设计阶段，仪表 & 电气工程师、控制工程师将参与过程控制系统、安全控制报警和联锁(SCAI)和安全仪表系统(SIS)的设计。仪表 & 电气工程师、控制工程师与化学工程师协作，了解控制系统和安全仪表系统的需求。利用这些信息，他们可以明确过程控制和安全仪表系统的设计，确定系统设备。安全控制报警和联锁、安全仪表系统功能清单是需要仪表 & 电气工程师或控制工程师协助维护的过程安全信息部分。相关工作流程在 2007 年出版的 CCPS 书籍《*安全和可靠性仪表保护系统指南*》(*Guidelines for Safe and Reliable Instrumented Protective Systems*)(参考文献 4.1)中进行了介绍。1993 年出版的 CCPS 书籍《*化工过程安全自动化指南*》(*Guidelines for Safe Automation of Chemical Process*)(参考文献 4.2)对本质安全的自动化实践和仪表防护设计进行了更深入的探讨。

安全工程师可能会负责与化学品毒性和行为控制相关的危害信息以及消防系统的设计基础等过程安全信息。在小型企业中，安全工程师在过程安全方面的职责可能会更多，因为大型企业可能会将职业安全与过程安全职责分开。在这些小规模的企业中，安全工程师在过程安全信息的开发和维护过程中将发挥更大的作用。

4.3 标准符合性

所有工程师都应该了解他们所在工厂或工艺过程适用的管制法规和标准。例如在美国，相关法规包括 OSHA 过程安全管理法规和美国环境保护署风险管理计划法规。同时也可能存在州和地方法规，这些法规仅覆盖特定地区的设施，如加州风险管理和预防方案。其他国家的法规包括欧洲塞维索指令、英国 COMAH 法规以及加拿大的环境保护法。

新入职工程师可能还需要了解很多第三方标准。第三方标准由组织自行决策选用并存档。新工程师应该了解这些标准。如果在组织中设置了过程安全部门，那你可以通过该部门学习工厂或装置所适用的标准和准则。

例如，化学工程师可能需要了解美国石油学会(API)的标准要求和推荐做法以及国家消防协会的消防标准和保险指南。此外，还可能存在适用于某个工厂或特定化学品的生产协会标准。下面列出了一小部分示例来说明这些标准。

- NFPA 30，易燃和可燃液体规范；
- API RP 752，工厂内固定建筑物相关的危害管理；
- FM 数据表 7-82N，液态和固态氧化物料的储存；

(https://www.fmglobal.com/fmglobalregistration)

- 化肥研究所，无水氨装卸操作程序推荐；

(https://www.tfi.org/safety-and-security-tools/recommended-practices-loadingunloading-anhydrous-ammonia)

- 氯研究所，涉氯企业通用安全防护检查清单。

(http://www.chlorineinstitute.org/pub/ed19b46c-c6a7-acca-ce7f-43f496d0dcae)

机械工程师可能需要了解 API 标准的要求以及应对结构或腐蚀的推荐作法。同时，美国机械工程师协会(ASME)制定了有关压力容器、试验规范和管道系统等方面的标准。机械工程师需要学习的标准示例如下：

- ASME 锅炉和压力容器规范；
- API RP 941，炼油和石化企业高温高压临氢系统的钢材选用；
- NACE 系列标准。

仪表 & 电气和控制工程师参与控制系统、安全控制报警和联锁(SCAI)系统和安全仪表系统(SIS)的设计。仪器和电气及控制工程师需要熟悉的标准举例如下：

• IEC 61508，电气/电子/可编程电子安全相关系统的功能安全(E/E/PE，或 E/E/PES)，2010；

• IEC 61511，过程工业领域安全仪表系统的功能安全，2003；

• NFPA 70®：国家电气规范®；

• ANSI/ISA-84.00.01-2004 第 1~3 部分(IEC 61511 Mod)功能安全：工艺过程工业领域的安全仪表系统。ISA-84.91.xx-关于安全报警和联锁的系列标准规范和指南。

此外，仪表 & 电气和控制工程师还必须熟悉用于安全系统的仪表和逻辑程序运算器的安全手册，以便对这些设备进行设计、安装、配置和编程，从而使安全防护措施达到预期的风险削减目的。

有些第三方标准组织允许免费在线查看(非下载)其编制的标准。这些组织包括 API 和 NFPA 等。此外，FM Global 保险公司发布了一系列数据表供大家免费下载。氯气协会或化肥协会等行业组织也免费开放一部分指南以供下载。

4.4 危害识别与风险分析、变更管理

除化学工程师之外，新工艺或大幅度改动的工艺常常也需要很多其他工程学科的参与。机械工程师通常可以帮助识别可能导致危险事件的薄弱环节，如材质、应力开裂、热效应和应力分析。土木工程师可以识别环境因素的关注点或解决方案，如洪水、地震和大风荷载。仪表和控制工程师通常对于确定已识别后果的控制措施的可靠性、响应动作正确性和控制适用性起着至关重要的作用。电气工程师通常能洞察配电系统的可靠性、冗余需求以及电气协作的问题。

新入职工程师很有可能参与到危害识别工作中(如 HAZOP、故障假设分析、检查表等)和变更管理(MOC)评审。是否会参与过程危害分析(PHA)审查和其他危害分析活动[如保护层分析(LOPA)]，取决于目前该工艺过程处于其过程危害分析的哪个阶段(根据政府和监管要求，通常过程危害分析的更新周期为 3~5 年)。参与正式的危害识别与风险分析(如 HAZOP)是一种很好的了解整个工艺过程的方法。

在所有危害识别与风险分析过程中，所涉及的各个工程学科的知识和技能都是相辅相成的。机械、仪表 & 电气和控制工程师不一定非要全程参与过程危害分析，一些企业通常会让他们在被需要时再参与。这些确定设备参数、材质、控制系统设计等专业的工程师，他们的信息或知识在如何操作、存在哪些危害、出现偏差后如何响应等方面方是非常有价值的。电气工程师通常能够提出对关键配电系统的可靠性、冗余需求以及电气协作相关问题的见解。

大多数企业在事件调查、变更管理评审、危害审核、启动前安全审查和过程危害分析过程中都会要求安全部门派一位安全工程师或代表参与。人为因素、人体工程、操作员培训、消防安全和职业卫生等知识对过程安全以及工厂和工艺过程的设计都很重要，然而一般的化学工程师可能很少或不会接受上述方面的培训。因此，在过程危害分析过程中，安全工程师对这些方面的参与是很有价值的。

几乎所有的工程师都会参与到变更管理的审核中，具体是哪些工程师参与其中取决于审核过程对专业知识的需求。上文所述关于过程风险分析的内容同样适用于变更管理评审。

组织变更管理：随着工作成长的工程师可能会承担更多的职责，可能成为主管/经理，也可能成为技术专家。这些新角色将增加工程师在过程安全方面的职责。如引言所述，为这些岗位一些企业也制定了培训矩阵。

越来越多的企业开始认识到，过程安全管理要素——变更管理应该同样应用于岗位变更和组织变更。表 4.2 列出了受组织变更影响的一些事故的示例。

表 4.2 受组织变更影响的事故

事件	组织变更情况
英国 BP 炼油厂爆炸（第 3.1 节）	人员减少：在人员减少后，异构化装置操作员需要进行连续 29d 或更长时间的 12h 轮班制工作，导致疲劳
埃索朗福德爆炸（第 3.5 节）	职责的增加：工厂所有的工艺过程工程师都被调到了澳大利亚墨尔本总部。管理人员和操作人员为工厂运行承担了更多的责任，包括排查故障，然而他们并没有在这方面接受过合适的培训
台塑 VCM 爆炸（第 3.10 节）	岗位减少：台塑取消了营运组长的职位，并将职责转移给当班主管，然而这些主管并没不像运营组长那样一直待在现场
英国弗利克斯堡爆炸（第 3.11 节）	临时替换：在等待重组期间，维修经理的角色由实验室主管临时顶替

为此，一些企业为人员和组织的变更[有时称为组织性变更管理(MOOC)]以及生产工艺过程的变更制定了变更管理计划。美国化工过程安全中心(CCPS) 2013 年出版的书籍《*组织变更过程安全风险管理指南*》(*Guidelines for Managing Process Safety Risks During Organizational Change*)(参考文献 4.3)涵盖了这一主题。

组织变更管理评审的触发因素是变更可能对过程安全以及人身安全和环境产生影响。与变更管理评审一样，新工程师也可以参与组织变更管理评审。审核的目的是确定变更对过程安全的潜在影响，以及需要增加哪些培训来帮助人员做好承担新职责的准备。

例如，人员职务的变化或临时任务的安排(为自己或他人)。

4.5 设备完好性及可靠性

机械工程师对过程安全的一个重要(或者可以说是最重要的)贡献就是对设备完好性及可靠性要素的贡献(参见第2.11节)。机械工程师负责制定试验程序,监督检测程序并分析检测数据。为此,新机械工程师应熟悉上文“标准符合性”部分所述的适用规范和标准。

机械工程师通常要主导可靠性的判别,确定故障率。这项活动对于正在积累内部数据、而非从各种出版物中获取一般数据的企业特别重要。故障率将被转换为失效频率和要求时的失效概率,这两种数值是半定量风险评估和定量风险评估中的关键数值。

以下CCPS书籍涵盖了维护和机械完整性的主题:

• *《设备完好性系统指南》*(*Guidelines for Mechanical Integrity Systems*),2006年;

• *《通过数据收集和分析提高工厂可靠性的指南》*(*Guidelines for Improving Plant Reliability through Data Collection and Analysis*),1998年;

• *《安全操作和维护指南》*(*Guidelines for Safe Operations and Maintenance*),1995年。

仪表&电气和控制工程师的任务通常是设计安全控制、报警、联锁和安全仪表系统(SIS),并确保达到所需的可靠性和要求时的失效概率。他们经常被要求为安全仪表系统开发测试协议、编制仪器校准和测试程序、为控制回路响应能力等制定程序。类似于机械工程师在设备可靠性方面的职责,仪表&电气和控制工程师也需要对仪表故障率等方面的信息进行确定,以便进行半定量和定量风险评估。

4.6 安全作业规程

安全作业的作业许可证非常重要,如动火作业许可和受限空间进入许可。安全工程师在实施和改进工作许可程序方面起着主导作用。

虽然安全作业规程是由安全工程师带头制定的安全作业规程,但其他工程学科在其中也需要贡献力量。通常情况下,化学工程师要考虑在工艺过程区域实施安全作业规程时需要如何调整工艺过程、如何隔离以及安全作业需要做什么样的准备。他们需要制定上锁方案、受限空间进入方案、救援方案、隔离方案,以及与设备和工艺过程的维护、维修和检查相关的准备活动。

机械工程师要通常在设计中力求尽量避免受限空间的出现,或在设计中综合考虑受限空间的相关问题，包括为设备的隔离提供可拆卸的短管，以及为隔离部分断开的管道和设备提供另外的支撑。同时，机械工程也可能涉及限制材料的易燃性或可燃性、确定合适的设备位置(人员可以通畅到达)、连接点、易于进入等因素。

电气工程师通常需要确认锁定工具、能量隔离和协调、试运行步骤以及电源(如照明、控制面板和电源面板)锁定设计。

仪表和控制工程师可能需要确保控制设备是独立且安全的，对可编程逻辑控制器以及其他逻辑解算器都设置了有限的访问权限，能够对旁路充分控制，并且有正确的标签和图纸，可以确保维修活动的安全开展。除此之外，在其工作范围内，他们还可能会为新增或更改的软件开发并遵循验证协议或为控制系统的变更编程。他们还会被要求确保电气分类的正确性，并确保仪表适用于该分类以及相应工艺过程。

4.7 事件调查

工厂或工艺过程的所有工程师都必须了解过程安全事件和未遂事件的定义，以便所在组织能够发现未遂事件。安全工程师会经常带头进行事件调查。

很多学科的新工程师都有机会参与到过程安全未遂事件和事故的调查，特别是较严重的事故。在事件调查中，化学工程师将贡献其在工艺技术方面的知识，并且工艺化学、化学相互作用和动力学可能也对事件调查有用。机械工程师将分析故障设备、故障模式和原因。仪表和控制工程师需要分析控制和安全控制报警及联锁系统是如何运行的，以及在是否需要增加新的控制等方面提出他们的见解。电气工程师可以判定电气元件故障，变电站/电机控制中心电气协调问题、电气噪声和谐波问题，以及解决电气可靠性的解决方案和行动项目。

4.8 深度学习资源

从事过程安全的专业咨询公司和美国化学工程师学会提供了很多过程安全课程。这些课程包括：

- 工艺过程危害分析；
- 变更管理；
- 审核；
- 事件调查；
- 应急救援系统设计；
- 化学反应危害；

- 粉尘爆炸危害；
- 后果分析；
- 定量风险评估；
- 安全仪表系统和 IEC 61511。

美国化学工程师协会(AIChE)还有过程安全网络研讨会和电子教学课程，有些是免费向美国化学工程师协会的本科生和研究生会员开放的。美国化学工程师学会的会员每年都可以申请学分，以支付部分课程费用。以下是一些美国化学工程师学会过程安全网络研讨会或电子教学课程的示例：

- 实验室安全基础；
- 工艺过程工业中的化工过程安全；
- 粉尘爆炸管控；
- 非化学工程师的化学工程基础；
- 本质安全设计；
- 保护层分析过程安全 101；
- 生物乙醇的过程安全管理；
- 失控反应；
- 年轻工程师必学的过程安全知识；
- 安全与化学工程教育模块(见第 6 章)。

在工艺过程行业工作的非化学工程师可以从美国化学工程师学会的在线课程——《*非化学工程师的化学工程基础*》(*Essentials of Chemical Engineering for non-Chemical Engineers*)获益。本课程会帮助非化学工程师学习化学工程的一些基本知识，以在项目中与化学工程师进行更好的沟通和协作。

所有新工程师应注册以下两个网站，以接收网站发布的 CCPS 过程安全警示灯(PSB)以及 CSB 新闻。

- http://www.aiche.org/ccps/resources/process-safety-beacon
- http://www.csb.gov/news

CCPS 过程安全警示灯是向工厂操作人员和其他人员传播过程安全知识的资源，每月一篇，内容涵盖所有过程安全问题。每一个问题都是一个真实的事故，并描述了事故经验教训和所在工厂预防发生类似事故的实际方法。

美国化学品安全与危害调查委员会(CSB)是负责调查美国重大过程安全事件和发布事故报告的机构。这些事故的报告和视频可以在 CSB 网站上找到。通过注册新闻发布，工程师可以随时了解新发布的报告和视频，以及正在进行的事件调查。在工作的第一年，工艺过程行业的新工程师应该抽出时间查看以往的 CSB 视频，其中大部分视频都是关于具体事故的，对于一个新工程师来说是很值得关注的。

在流程工业或炼油厂工作的所有工程师都应该观看以下视频：

- 动火作业：潜在的危害、动火危险；
- 无处可逃：密闭空间的危害；
- CSB 关于瓦莱罗炼油厂窒息事件的视频。

这些视频论述了所有流程工业设施的共有危害。

反应性危害和可燃粉尘视频：一种潜在危害，是特定化学过程设施可能遇到的特定危害。反应性危害和可燃性粉尘，不包含农业粉尘，因为它不包含在美国职业安全与健康管理局过程安全管理等法规中。如果被雇佣到一个进行化学反应或产生可燃粉尘的工厂，新工程师应该看这些视频。获取 CSB 视频可访问：www. csb. gov/videos。

在看过上述反应危害视频后，在化学、生化或石化加工设施工作的新工程师应索取一份化学反应工作表。该软件程序可被免费使用，其中包含数千种化学品的数据库，并且记录了每种化学品的危害和反应性信息。该程序可以预测两种化学品之间的潜在有害相互作用，并显示在兼容性图表中。该程序可以从以下网站获取：http://response. restor. noaa. gov/reactivityworksheet。

另一个新工程师应该考虑获取的程序是 CAMEO 化学品。该程序提供了许多化学品的理化和危害特性，并允许用户创建混合化学品，确定其混合失控状态下的危害。该程序可以从以下网站中找到：http://cameochemicals. noaa. gov。

4.9 小结

在化工过程及相关行业中，多个工程学科在过程安全中发挥着重要作用。其中化学、机械、仪表和电气、控制和安全工程师在一些关键过程安全管理要素，即标准符合性、过程安全信息、危害识别和风险分析、变更管理、设备完好性和可靠性、安全作业规程和事件调查中的作用尤为重要。

有关过程安全的进一步学习资源已在各节中列出。

4.10 参考文献

4.1 Guidelines for Safe and Reliable Instrumented Protective Systems, American Institute of Chemical Engineers, Center for Chemical Process Safety, New York, NY, 2007.

4.2 Guidelines for Safe Automation of Chemical Processes, American Institute of Chemical Engineers, Center for Chemical Process Safety, New York, NY, 1993.

4.3 Guidelines for Managing Process Safety Risks During Organizational Change, American Institute of Chemical Engineers, Center for Chemical Process Safety, New York, NY, 2013.

5 过程安全设计

5.1 过程安全设计策略

本质更安全设计(ISD)：本质更安全设计被定义为一种思考化学工艺过程和工厂的设计的方法，其重点是消除或减少风险，而不是管理和控制风险。通常，管理化工过程安全的方法是接受工艺过程和作业活动中危害的存在，并通过增加足够的保障措施，努力减少过程安全事件的可能性或降低后果严重性，以达到所能接受的风险水平。

在可行的情况下，本质更安全设计可使化学处理技术在许多情况下更简单、更经济，并使风险管理更加稳健和可靠。设计本质更安全工艺过程的四种策略是：

- 最小化——使用少量危险物料，减小在高温或高压等危险条件下运行的设备的规格；
- 替代——使用危险性较低的物料、化学和工艺；
- 缓和——通过稀释、冷冻、选择在较低危险条件下操作的工艺来减少危害；
- 简化——消除不必要的复杂性，设计“用户友好型”的工厂。

本质更安全设计的资源有*本质更安全的化学过程——全生命周期方法*(参考文献 5.1)*和过程工厂——本质更安全设计手册*(参考文献 5.2)。

一般过程安全设计策略的优先顺序为：

本质安全：通过改变工艺或物料，使用无害或危险性更小的物料和条件来消除或大大减少危害。

被动式防护策略：利用工艺或设备设计特点，在不使用任何设备的主动功能的情况下，减少事故发生的频率或后果，从而将危害最小化(围堰是被动式防护的一个例子)。被动式防护会随着时间的推移而退化，例如，混凝土防火堤会出现裂缝和孔洞，因此必须进行相应的检查。

主动策略：包括过程控制系统、安全联锁装置、自动停车系统和自动事故缓解系统(如灭火喷淋系统)。要使主动防护系统工作，必须有几个条件同时达到。因此，必须定期对这些系统进行测试。

程序安全特性：包括标准操作程序、安全规则和程序、操作人员培训、应急响应程序和管理系统。

在实施安全设计策略时，应该是首先使用阻止事件发生的控制装置，如安全联锁。其次再使用减少事故影响的控制装置，如灭火系统。

5.2 一般机组运行及其故障模式

以下各节描述了在化学、生化、石化和其他类型的设施中常见操作单元的过程危害和设备类型。本章第 2 节将重点讨论炼油厂的常见操作。

5.2.1 泵、压缩机、风机

概述：泵、压缩机和风机被用来输送流体。在此过程中，它们以压力和温度的形式将能量传递给被输送的流体。由于流体的特性，一旦进、出口被堵塞，内部流体就会被加热。考虑到一些介质的特性，可能会造成危险。作为旋转设备的部件，在转轴周围会有密封，如果密封失效，则会导致泄漏。同样，对一些特殊的介质也会导致危险。最后，这些设备可能无法运行或无法运行太长时间，从而对过程中的其他设备造成潜在的危害。

泵和压缩机的常见故障模式包括停机、关闭和隔离、气蚀/喘振、逆流、密封泄漏、壳体故障和电机故障。

为了评估流体输送设备潜在的故障危害，必须了解流体的特性。当输送具有反应性、热稳定性问题或因泵和压缩机向流体输送能量而对冲击敏感的化学品时，泵和压缩机的封闭或隔离可能导致反应失控、放热分解和爆炸危险。例如，第 3.6 节所述的硝酸铵(AN)溶液的泵送，对高温下的爆燃和爆炸更为敏感。如果密封失效导致泄漏，则易燃材料的释放会导致火灾和爆炸危险，腐蚀性或有毒材料同样也会造成人员伤害。低沸点液体可能会闪蒸，因此需要了解各温度下的饱和蒸气压。

这里介绍的材料是设计注意事项的概述。有关详细信息，请参阅第二版*《过程安全工程设计指南》*(*Guidelines for Engineering Design for Process Safety*)第 6.6 节(参考文献 5.3)。

事故案例：

例 1：图 5.1 中的泵因机械密封失效而损坏，输送的轻烃泄漏被点燃引发火灾，造成了大范围的损害。火灾发生时，泵附近没有人，因此没有人员受伤(参考文献 5.4)。

例 2：一台 75hp 的离心泵运行时，入口阀和出口阀都关闭了约 45min。泵内充满了液体，随着电机的机械能转化为热能，泵内液体的温度和压力缓慢升高，直至泵发生灾难性的故障(图 5.2)。一块重 2.2kg(5lb)的碎片在 120m(400ft)外被发现。幸运的是，那个区域没有人，所以没有人受伤(参考文献 5.5)。

图 5.1　机械密封失效引起的火灾损坏

图 5.2　泵因运行时被隔离而爆炸

过程安全设计的注意事项：泵和压缩机存在不同的类型，例如，离心泵和容积泵。当泵等旋转设备运行时，工艺流体会从转轴与泵体之间泄漏。如果流体易燃或有毒，泄漏可能导致火灾或有毒物质的释放。可以采用不同类型的密封结构来防止这些泄漏。通常根据工艺条件来选择泵和密封类型，每种类型的泵和密封都有不同的过程安全危害。

使用压缩机时，液体进入压缩机会导致灾难性故障。应在压缩机上游设置保护措施，以避免带液，并在系统中设置相应停机功能。

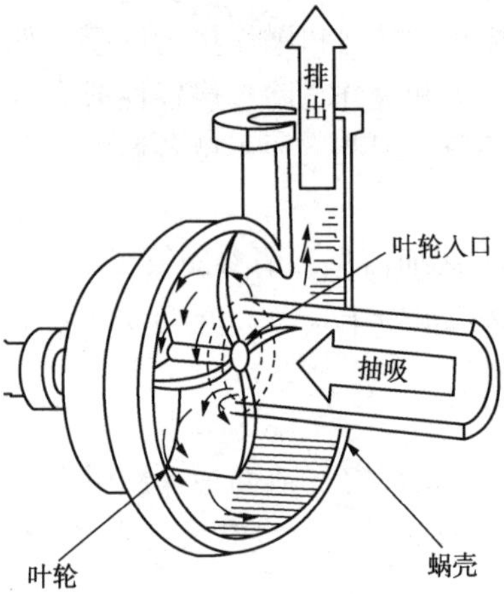

图 5.3　离心泵原理图
(参考文献 5.6)

离心泵：离心泵(图 5.3)容易发生泄漏、堵塞、运行隔离、气蚀和逆流。两个泵并联的设计配置尤其容易受到这些故障模式的影响，因为总是存在泵误启动的可能。

离心泵与其他旋转设备一样，需要在工艺流体与外部环境之间进行密封。密封最简单的形式是填料密封。其密封性能会随着时间和泄漏而降低。机械密封是另一种类型。在机械密封泵中，轴与壳体之间的密封面保持接触。这些密封泄漏量小于填料，但需要与过程流体兼容的润滑油。其类型有单、双机械密封(图 5.4)。在双机械密封中，有两个密封背对背地安装在泵外部的腔内。密封腔用液体冲洗，泄漏的介质首先进入密封腔，可以在冲洗液中检测到。

也有无密封的泵。磁力泵就是这种类型，其电机和泵轴之间没有直接连接。如果泵送非常危险的流体，无密封泵是最好的选择。

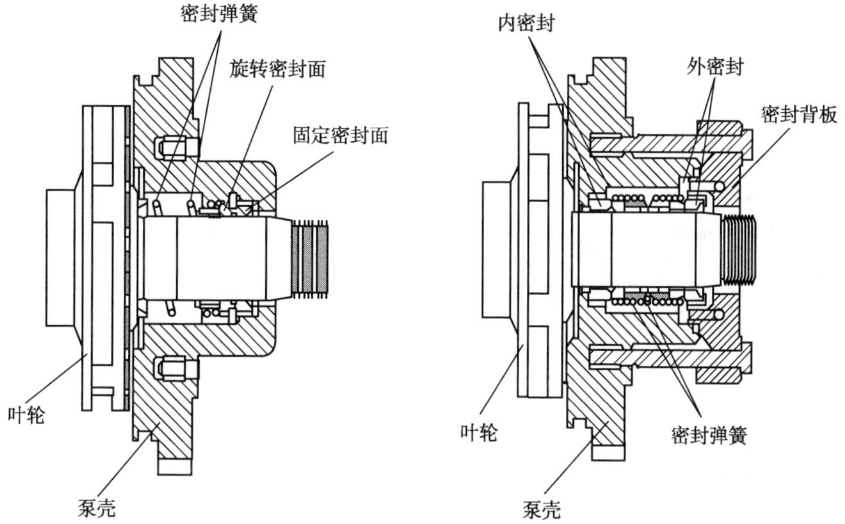

图 5.4　单、双机械密封(参考文献 5.7)

无密封泵也有其安全考量。如果轴承干运(即入口堵塞)，轴承可能会损坏，导致高温。无密封的泵和离心密封泵的选择，存在着风险权衡。带密封的泵可能会更频繁地发生故障，但是事故后果严重性较低，而无密封的泵可能会发生灾难性的故障，但发生频率较低。例如，无密封泵可适用于剧毒流体，但不适用于危险性较低的流体。与所有风险决策一样，在选择过程中必须参照公司的风险接受标准。

在前两个例子中描述了关闭和隔离运行的危险。在关闭泵中，泵出口侧的堵塞导致流量降至零，出口压力增加。来自关闭泵的能量输入增加了泵内流体的温度和压力。设计应该考虑以一种防止泵在很短的时间内处于无压头状态的方式运行。

如果离心泵在运行时停止，在管道和压差达到一定条件下，流体可以反向流动，从后路向前端倒串。需要危害识别与风险分析(HIRA)(第 2.8 节)来评估逆流情景所致的影响和保护措施。

容积式泵：容积式(PD)泵有多种类型，如螺杆泵、齿轮泵、如图 5.5 和图 5.6 所示的隔膜泵等。这类泵还包括级进式空腔泵、活塞泵和管式泵，有些泵的容量较大。在容积泵中，反向流动比较困难，但是容积泵在无压状态下会产生高压，并且气动隔膜泵可以无压头下运行。由于许多类型的容积泵在出口关闭时，压力会迅速升高，因此在安装容积泵时，总要安装由压力传感器触发的某种类型的泄压或自动停机装置。许多公司还会在泵外安装减压装置或高压停机装置。

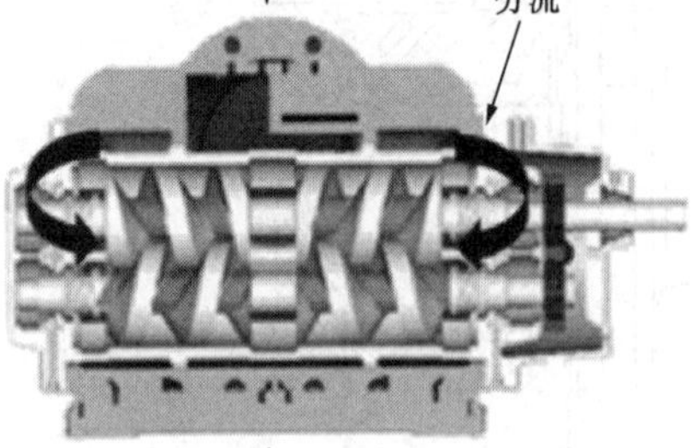

图 5.5　双螺杆式容积泵
（图片来自 Colfax 流体处理公司）

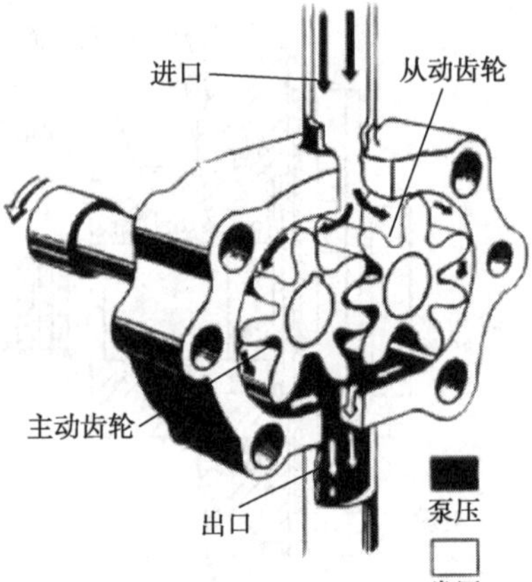

图 5.6　齿轮式容积泵
（图片来自网站：
http://www.tpub.com/gunners/99.htm）

工艺安全和规范：表 5.1 列出了泵、压缩机、风机的常见故障模式、后果和设计注意事项。没有一个表单可以列出给定故障模式的所有潜在后果，此表仅作为初始评估参考。

表 5.1　流体输送设备的常见失效模式、原因、后果和设计注意事项

失效模式	失效原因	后果	设计注意事项
停机	电源故障； 机械故障； 控制系统动作（错误动作或预动作）	主要看上游或下游设备的影响（需要进行危害识别与风险分析 HIRA）； 逆向流	泵设置电源指示器； 低流量报警/联锁； 在其他设备上设置液位报警和联锁
关闭或隔离	泵/压缩机出口因以下原因堵塞： 排出侧阀门关闭（手动、控制、堵塞）； 管线堵塞； 盲板未取出	由于以下原因发生泄漏： 高温高压导致密封件、垫圈、膨胀节、泵或管道故障； 可能发生相变、反应	过压保护； 设置最小流量回流； 再循环管路； 设置低流量/低电量报警/联锁，关闭泵； 限制阀门关闭时间

续表

失效模式	失效原因	后果	设计注意事项
气蚀/喘振	由以下原因导致的抽吸阻塞：入口阀门关闭； 过滤器/滤芯堵塞	由于密封件、叶轮损坏，造成泄漏	设置低流量/低电量报警/联锁，关闭泵或压缩机； 振动报警/联锁
逆向流	泵或压缩机停机	上游泄漏； 上游超压； 上游污染	出口侧设单向(止回)阀； 自动切断阀； 上游设超压保护； 采用容积式泵
密封泄漏	进料内有颗粒物； 密封液或密封冲洗泄漏； 微孔连接； 老化(磨损)	由于密封件损坏导致泄漏	在密封液系统内设置报警或联锁，关闭泵/压缩机； 设置双机械密封，并且设单个密封故障报警； 选用无密封泵
流体污染/改变	压缩机进料中存在液体	压缩机损坏； 密封泄漏	在压缩机前设置分离罐

注：止回阀很难做到完全可靠，其危险故障模式在实际需要之前很难诊断或测试。

图5.7显示了泵的应用数据表。第一部分信息为液体特性，特别说明的安全信息，如可燃性、毒性、监管范围。其他性能包括流体的热稳定性或反应性等。下一步需要考虑的是制造材质，这个对安全过程很重要。使用不正确的材质会导致容器的破坏。

包括泵设计注意事项在内的工程标准包括：

- API STD 610*《石油、石化和天然气工业用离心泵》*(*Centrifugal Pumps for Petroleum, Petrochemical and Natural Gas Industries*)，第11版(ISO 13709：2009同样采用)，包括勘误表，2011年7月；
- API STD 685*《石油、石化和天然气工业过程用无密封离心泵维修》*(*Sealless Centrifugal Pumps for Petroleum, Petrochemical and Gas Industry Process Services*)，第二版，2011年2月；
- API STD 674*《石油、化学和天然气工业用容积泵控制》*(*Positive Displacement Pumps-Controlled Volume for Petroleum, Chemical and Gas Industry Services*)，第3版(包括勘误表)，2014年6月；
- API STD 617*《轴流和离心式压缩机和膨胀压缩机》*(*Axial and Centrifugal Compressors and Expandar-compressors*)，2014年9月。

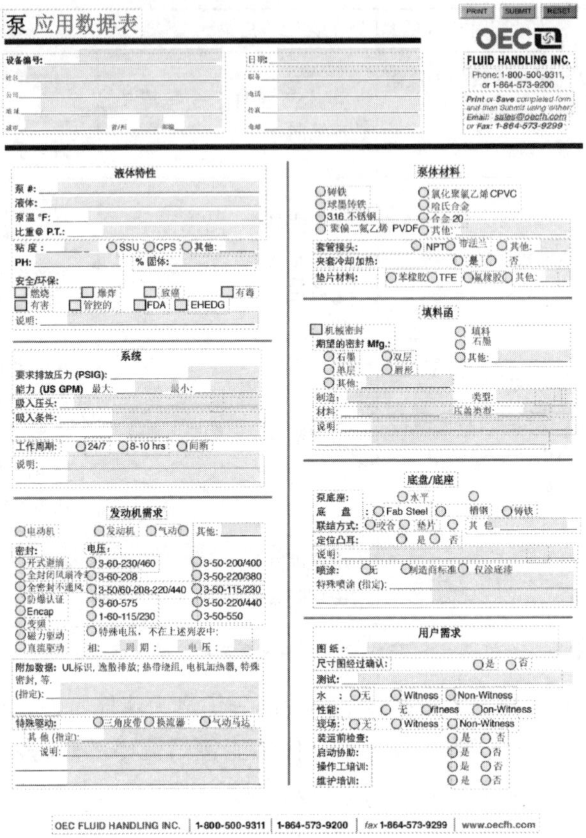
泵 应用数据表

PRINT SUBMIT RESET

OEC FLUID HANDLING INC.
Phone: 1-800-500-9311, or 1-864-573-9200
Print or Save completed form and then Submit using either: Email: sales@oecfh.com or Fax: 1-864-573-9299

设备编号：
姓名
公司
地址
城市 省/州 邮编
日期：
职务
电话
传真
电邮

液体特性
泵 #：
液体：
泵温 °F：
比重 @ P.T.：
粘度： SSU CPS 其他：
PH： % 固体：
安全/环保：
燃烧 爆炸 致癌 有毒
有害 管控的 FDA EHEDG
说明：

系统
要求排放压力 (PSIG)：
能力 (US GPM) 最大： 最小：
吸入压头：
吸入条件：
工作周期： 24/7 8-10 hrs 间断
说明：

发动机需求
电动机 发动机 气动 其他：
密封： 电压：
开式滴油 3-60-230/460 3-50-200/400
全封闭风扇冷却 3-60-208 3-50-220/380
全密封不通风 3-50/60-208-220/440 3-50-115/230
防爆认证 3-60-575 3-50-220/440
Encap 1-60-115/230 3-50-550
变频
磁力驱动 特殊电压，不在上述列表中：
直流驱动 相： 周期： 电压：
附加数据：UL标识，逸散排放；热带绕组，电机加热器，特殊密封，等.
(指定)：
特殊驱动： 三角皮带 换流器 气动马达
其他 (指定)：
说明：

泵体材料
铸铁 氯化聚氯乙烯 CPVC
球墨铸铁 哈氏合金
316 不锈钢 合金 20
聚偏二氟乙烯 PVDF 其他：
套管接头： NPT 带法兰 其他：
夹套冷却加热： 是 否
垫片材料： 苯橡胶 TFE 氟橡胶 其他：

填料函
机械密封 填料
期望的密封 Mfg.： 石脂
石墨 双层 其他：
单层 磨形
其他：
制造： 类型：
材料： 压盖类型：
说明：

底盘/底座
泵底座： 水平
底 盘： Fab Steel 槽钢 铸铁
联结方式： 咬合 垫片 其 他
定位凸耳： 是 否
说明：
喷涂： 无 制造商标准 仅涂底漆
特殊喷涂 (指定)：

用户需求
图 纸：
尺寸图经过确认： 是 否
测试：
水： 无 Witness Non-Witness
性能： 无 Witness Non-Witness
现场： 无 Witness Non-Witness
装运前检查： 是 否
启动协助： 是 否
操作工培训： 是 否
维护培训： 是 否

OEC FLUID HANDLING INC. | 1-800-500-9311 | 1-864-573-9200 | fax 1-864-573-9299 | www.oecfh.com

图 5.7 示例应用数据表(由 OEC 流体设备公司提供)

5.2.2 传热设备

概述：传热设备是通过将热量从一种流体转移到另一种流体来控制温度的。传热设备包括换热器、蒸发器、再沸器、余热锅炉、冷凝器、冷冻器和水冷器。本节所述的大部分内容也适用于容器(如反应堆或储罐)中的加热/冷却盘管。

传热设备的故障会导致温度控制失效、流体污染或容器失效。温度是一个关键的过程变量。因此，由于结垢、堵塞或传热流体供应损失导致的设备故障，会导致很严重的后果。需要进行危害识别与风险分析来评估这些风险。换热设备由于其本身的性质，温度梯度引起的热应力可能导致容器破坏。第 3.5 节中的朗福德火灾及爆炸就是这种失效模式的一个例子。

由腐蚀或侵蚀引起的内漏是另一种常见的失效模式。其结果取决于工艺性质、泄漏方向(从工艺介质侧到公用侧，反之亦然)以及所涉及的流体。每种组合都有其独特的过程安全问题。由于介质互串导致的反应性化学事故(参见示例 1)，或者将有毒或易燃材料释放到低压侧，在低压侧可从其他地方(如冷却水塔)逸出。

事故案例：

例 1：某厂氧化反应器出口管道发生爆炸，导致一根 36in(0.9m)的管道破裂(见图 5.8)。爆炸是由熔化的硝酸盐与被残留在一个短的盲管段中的碳质沉积物反应引起的。硝酸盐用于从反应中带走热量，泄漏到了这段盲管段中。反应化学试验表明，该反应与 TNT 炸药的分解过程十分相似。幸运的是，没有人受伤。该事件表明事故的关键是避免硝酸盐的泄漏。如果确实发生泄漏，则应能检测到泄漏，并启动安全联锁(参考文献 5.8)。

图 5.8 由于与传热流体的反应导致管道破裂

例 2：第 3.5 节描述了澳大利亚朗福德天然气厂的爆炸。过程的混乱导致了贫溶剂泵的跳闸(联锁停止)。贫溶剂流量过低导致换热器内温度下降，当热油重新注入换热器冷段时，导致换热器产生裂纹，并导致气体释放和爆炸。需要进行危害识别与风险分析，以分析诸如此类的后果。

设计注意事项：有几种不同类型的换热器：壳管式换热器、板式换热器、螺旋式换热器和风冷式换热器。参见图 5.9~图 5.11。

其中一个最大的问题是由于管道内漏造成的流体混合。防止或减轻这种情况的设计注意事项包括：

- 管程流为剧毒液体时，如果管程泄漏进入壳程，可在冷却塔或管道中以最低允许浓度检测到。此外，从壳程故障泄漏的是无害流体，而不是剧毒流体；
- 认真选择结构材料，以防两侧发生腐蚀；
- 通过在倾斜方向安装换热器来减少腐蚀的排液设计(考虑挡板设计，允许流体排出)；

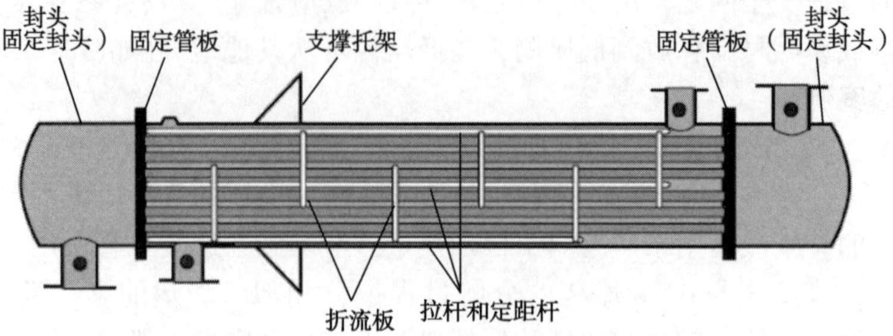

图 5.9　管壳式换热器(参考文献 5.9)

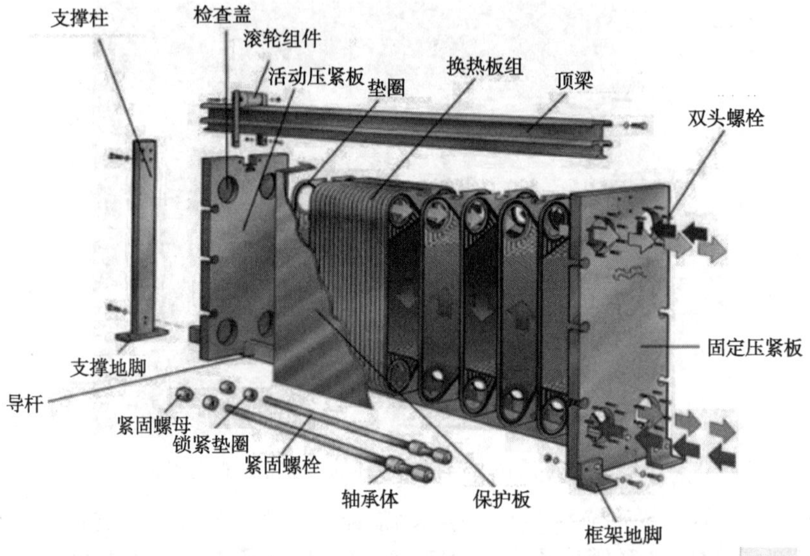

图 5.10　板式换热器剖面图(参考文献 5.10)

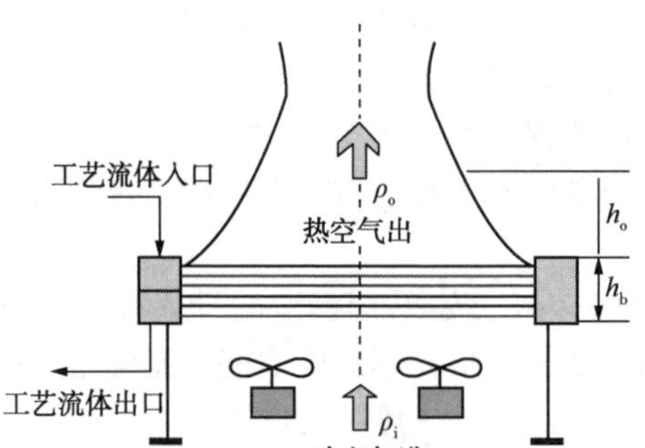

图 5.11　冷式换热器原理图(参考文献 5.11)

- 使用双管板换热器处理有毒化学品或严禁混合的两种介质(见图 5.12);
- 考虑流体速度、流体性质、污染物(固体和溶解材料)和撞击。

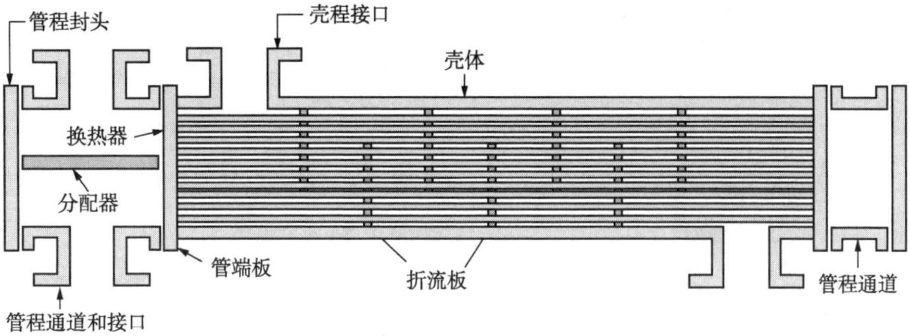

图 5.12　双管板换热器(图片来自 www.wermac.org)

温度通常是控制的关键和重要的过程参数。处理这个问题的设计注意事项如下:

- 定期清洗，清除污垢;
- 提供管板排气喷嘴或其他从工艺系统中排放不凝气体的方法;
- 应考虑管间距、流量分布、流速和温差，防止结垢。

包含换热器设计注意事项在内的工程标准包括:

- ASME 锅炉和压力容器规范(参考文献 5.3);
- API 标准 660，管壳式换热器(参考文献 5.10);
- 管式换热器制造商协会(TEMA);
- 换热器协会标准。

表 5.2 给出了换热器常见的几种失效模式及设计注意事项。

表 5.2　换热设备的常见故障模式、原因、后果、设计注意事项

失效模式	原因	后果	设计注意事项
传热面内漏	工艺液、冷却液中的污染物或处理化学品的损失引起的腐蚀; 沉积物和水垢下的厌氧腐蚀; 热应力(如高温/低温)	容器破坏、低压侧意外混合和污染、以及潜在的化学反应(需要进行危害识别与风险分析)	定期检查; 结构材料的选择; 传热介质的选择; 壳体膨胀节; 采用非管壳设计; 控制启动和关闭过程中工艺流体的引入; 监测低压侧(壳体侧)流体管内有毒流体; 化学处理

续表

失效模式	原因	后果	设计注意事项
传热面破裂	腐蚀热应力(如高温/低温); 超出设计温度范围运行,导致管道或管板应力开裂、扩展、减薄(见冷却或加热负荷损失); 在操作过程中,流体一侧堵塞	换热器可能破裂; 容纳失效	紧急释放装置; 开车和停车过程中控制工艺流体的引入
冷却/加热介质泄漏	上游泄漏; 控制系统故障; 水击; 阀门安装错误	过程控制失效(需要进行危害识别与风险分析)	高压传热介质低流量或压力报警/联锁; 工艺侧的高温或低温警报
传热不足	污垢不凝气体的积聚(主要是冷凝器)	过程控制失效(需要进行危害识别与风险分析); 高压	清洗; 工艺侧的高温或低温警报

5.2.3　传质：蒸馏、过滤、萃取、吸附

概述：传质操作用于分离物料、净化产品和对废水进行处理。要评估传质设备潜在故障的危害，必须了解所处理介质的特性。

蒸馏(见图 5.13)、*汽提*和*吸附*过程中经常涉及易燃材料。因此，失控可能导致火灾和爆炸。常使用高温来实现蒸馏/汽提过程，所以需要了解被处理介质的热稳定性，特别是在再沸器中。回流冷却器故障会影响蒸馏过程中物料的组分，所以需要了解物料组分对被处理物料热稳定性的影响。第 3.4 节中的概念科

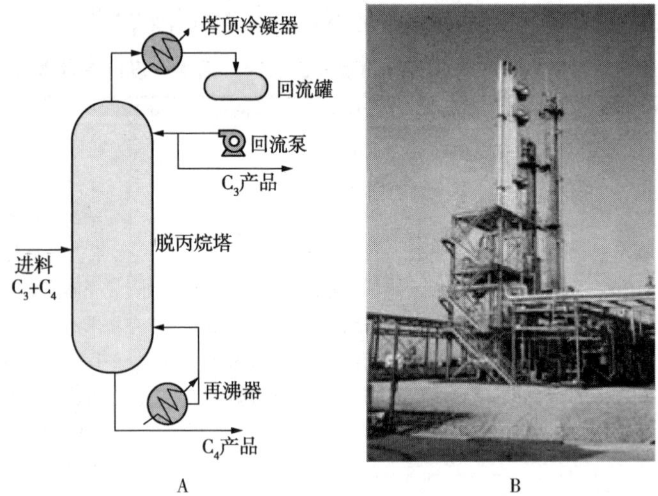

图 5.13　A 蒸馏塔示意图(参考文献 5.11)和 B 典型工业蒸馏塔(©苏尔寿化工有限公司)

学爆炸是一个导致了比预期更高、更危险的失败例子。塔内的高液位可能导致内部堵塞、高压和容器破坏。第 3.1 节中的得克萨斯爆炸就是这样的一个例子。塔盘上的液体负荷过高会导致塔盘损坏，并导致更严重的温度波动。

填料着火：塔填料上的碳氢化合物残留物暴露在大气中，在高温下会自燃。原油中的硫会反应生成硫化亚铁，硫化亚铁是会自燃的。碳钢部件的腐蚀生成物会沉淀在填料上，当暴露在空气或氧气中时会点燃(参考文献 5.14 和参考文献 5.15)。

吸附：吸附过程是放热的。活性炭吸附器会因过热而起火。对于某些类别的化学品[如有机硫化合物(硫醇)、酮类、醛类和一些有机酸]，活性炭表面的反应或吸附伴随着可能在床层上产生热点的热量的释放。吸附高蒸气浓度的有机化合物会产生热点。如果存在易燃的物料和氧气的混合物，活性炭表面吸附或反应释放的热量可能会造成火灾(例如，如果温度达到蒸气的自燃温度，并且存在氧气助燃，则可能会引发火灾)(参考文献 5.16 和参考文献 5.17)。图 5.14 是活性炭吸附器系统的示意图，上床处于吸附模式，下床处于解析模式。

分馏塔：分馏塔将包含两种相态的介质，即从一个相态转移到另一相态的物料分离。根据物料的性质，泄漏的容器可能导致易燃或有毒物质释放。分馏塔液位控制失效，可能导致错误的物料被送至下游设备，导致下游设备液位或压力过高。

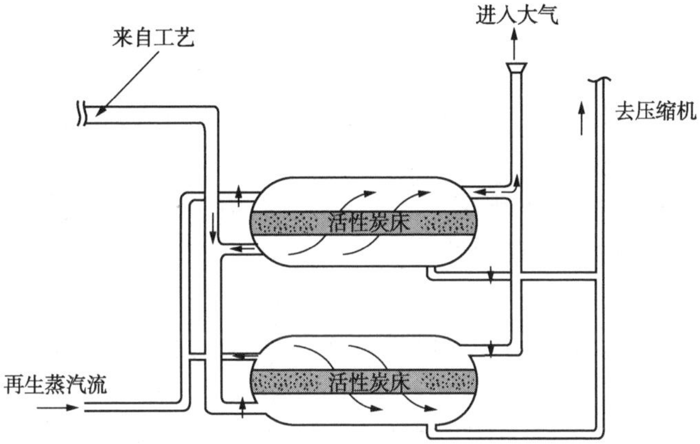

图 5.14 活性炭床吸附器系统示意图(参考文献 5.16)

事故案例：

蒸馏塔事故：1969 年，得克萨斯州得克萨斯城的一个丁二烯回收装置发生爆炸。爆炸中心位于丁二烯精制(最终净化)塔的下塔板部分。丁二烯装置从 C_4 原料中回收副产品丁二烯。精制塔顶置产物为高纯度丁二烯。进料流的重组分包括乙烯基乙炔(VA)，作为底部产品被去除。乙烯基乙炔在塔底部浓度通常保持在35%左右。爆炸试验结果表明，浓度高达50%的乙烯基乙炔在操作条件下是稳定的，但高浓度乙烯基乙炔在高温下会迅速分解。

当丁二烯装置停车进行必要的维修时，精馏塔全回流。精馏塔在全回流后约9h发生爆炸。这项操作过去曾多次进行，没有发生意外。关于这个切换到全回流的操作，操作人员没有观察到任何不寻常。随后的检查记录表明，该塔通过塔顶管线上一个关闭但有泄漏的阀门在缓慢地泄漏物料。

丁二烯通过泄漏阀的损失导致了塔下部塔板成分的显著变化。在第10个塔盘的塔盘液体中，乙烯基乙炔的浓度增加了一倍，估计达到60%。塔底液位的损失使再沸器管程暴露，使管壁温度接近供应蒸汽的温度。乙烯基乙炔浓度的增加和管壁温度的升高导致乙烯乙炔的分解，并为随后的爆炸创造了条件(参考文献5.18~5.20)。

碳床事故：某炼油厂生物固体浓缩池发生闪爆超压事故。池顶移动了大约200ft。池顶气相设置了一个55gal的活性炭吸附器，以去除有机物并控制异味。运行两年后，作为排放控制装置的一部分，在池顶加装了密封盖。在事故当天，新鲜的活性炭被安装在容器内。吸附放热使吸附器内温度升高到350℉左右，碳氢化合物吸附在被氧化的碳上，形成局部热点。几个小时后，温度升高到大约800℉时碳开始燃烧。并点燃了入口蒸气，火焰传播回浓缩池，点燃了蒸气空间。

在池子被密封之前，碳氢化合物能够逸散到大气中。当池子密封时，会给吸附器造成更高的有机负荷，从而产生更多的热量，并为火焰传播回池子提供了燃料(参考文献5.21)。

设计注意事项：蒸馏与温度、压力和组分有关，必须特别注意要充分了解所涉化学品的任何潜在热分解危险。

塔器需要足够的仪器来监测和控制压力、温度、液位和成分。必须注意塔内部相关传感元件的位置，以便提供准确和及时的信息，并直接控制相关的工艺过程。

一些塔的设计采用高底座[例如：3m(10ft)]，以能够被足够地吸入压头(NPSH)，以确保塔底泵不会发生气蚀和故障。

塔的框架结构和裙座应防火，因为它们不能被内部流体冷却，外部火灾可能导致塔的倒塌。

如果系统的热源没有关闭，冷凝器冻堵、堵塞或浸没，以及塔顶气相排放出口堵塞等，都可能导致超压。

应强调使用本质上更安全的设计替代方案，采取以下措施：

- 将最高的介质加热温度限制在安全水平；
- 在进入下一个工艺流程之前去除之前使用的不期望的溶剂；
- 使用防止冷凝器冻堵的传热介质；
- 将容器温度探头置于底部，确保即使在低液位下也能准确测量温度；
- 把塔内容量降至最小；
- 避免可能形成的腐蚀、堵塞或冻堵。

防止填料着火可采取的措施：

- 打开前将塔冷却至环境温度；
- 彻底清洗塔，清除残留物和沉积物；
- 使用化学中和法清除可能自燃的材料；
- 氮气置换塔；
- 打开时，监测填料和塔的温度；
- 尽量减少开放式通道的数量，以减少空气循环。

防止活性炭床层着火可采取的措施：

- 在将活性炭吸附系统投入使用之前，测试蒸气对活性炭的潜在放热影响。如有可能，确定尚未知道的反应；
- 测量尾气中的一氧化碳和二氧化碳含量用来提醒可能出现的热点；
- 在多个部位测量床层温度；
- 提供消防系统，如喷淋、氮气或蒸汽；
- 采用阻火器等以防止火源从吸附器蔓延至易燃化学品容器。

5.2.4 机械分离/固液分离器

概述：机械分离器用于从液体或气体中分离固体。

典型的设备包括：

- 离心机；
- 过滤器；
- 集尘器。

离心机的常见故障模式包括轴承的机械摩擦、振动、泄漏密封、静电和超速。振动既是故障的原因，也是其他故障可能带来的影响。浆液和液体流入装置，以及离心机的高速运转都会产生静电。使用合成的、非导电的过滤介质会积累静电。机械摩擦和静电都会点燃易燃液体。

过滤器的一个问题是在打开和关闭过程中泄漏或本体损坏。板框压滤机有很高的泄漏可能性，在过滤易燃或有毒物料时，应避免泄漏。在循环结束时，过滤介质可能超压，这可能导致进一步的泄漏。

研究结果表明，集尘器是最易发生粉尘爆炸的设备(参考文献 5.22)。通常，集尘器是在一个流程的尾端，收集最小粒径的粉尘。如果粉尘是可燃的，这将是最危险的。集尘器的常见故障模式包括由于过滤袋(袋或筒)故障而导致的设备失效、过滤介质堵塞和滤袋接地失效等。过滤介质经常用空气吹扫，以防堵塞。吹扫系统故障，如果重新启动，会产生更严重的云尘。带有过滤袋的集尘器(通常称为袋式集尘器)可以有100多个袋，每个袋都是袋式集尘器与地面隔离的一个点(如果进行电气隔离，金属袋式集尘器可以产生很大的电荷)。具体请参考事故案例。

事故案例：

间歇式离心机：一个结晶成品在间歇式离心机中旋转时发生了爆炸。产品冷却至19℉(-7℃)，然后在离心机中从甲醇—异丙醇的混合物中分离出来。随后用异丙醇预冷至16℉(-9℃)冲洗。当离心机发生爆炸时，混合物已经旋转了大约5min。超压破坏了加工区内(20m以外)附近的玻璃管道和窗户，但附近的工厂没有遭到破坏。由于没有使用氮气惰化，足够的空气被吸入离心机制造了一个易燃的环境。摩擦能产生足够的热，使预冷溶剂的温度升高到闪点以上。由于离心机转筒的聚四氟乙烯涂层已经磨损，转筒与离心机底部出口溜槽之间的金属接触，导致摩擦产生火花。静电也可能是引起点火的原因。自事件发生以来，该公司要求在所有温度下离心易燃液体时使用氮气惰化(参考文献5.23)。

事故教训包括监测氧气浓度与惰化气体和密封底部出口，以尽量减少空气进入。由于点火源是不确定的(静电/摩擦热)，这一事故说明了为什么易燃材料在设计时通常谨慎地假定点火源。在*《灾难的教训：组织如何没有记忆和事故重现》*(*Lessons from Disaster：How Organizations have No Memory and Accidents Recur*)一书中，特雷弗·克莱茨说：“火源永远是不受约束的。”(参考文献5.24)

集尘器爆炸：聚脂塑料挤出设备与工艺排气孔连接的集尘器发生爆炸。爆炸被安全地泄放。袋子从笼子里推出并烧焦，如图5.15所示，集尘器内有144个笼子，在调查过程中发现其中一个没有接地。对同一单元的检查显示，笼子与管板之间的接地存在问题，如图5.16所示。还发现所使用的袋子的类型已经改变，但不了解是否需要接地，接地/连接检查未列入机械完整性检查中。

为确保袋子内的金属笼支架接地，使用带有改进接地线的袋子，并将电导率检查纳入检查程序(参考文献5.25)。

设计注意事项：如果对易燃或有毒材料使用离心机或过滤器，则应考虑采用全封闭装置，并进行自动过滤、清洗和排放循环，以避免容器暴露或泄漏。如果使用易燃液体，应重点考虑惰化或使用惰性气体清扫和覆盖。压力或真空过滤器可以用来代替离心机，以减少轴承故障或振动引起的问题。一些典型的离心机和过滤器如图5.17和图5.18所示。

图 5. 15　集尘器袋损坏(参考文献 5. 25)

图 5. 16　集尘器管板(参考文献 5. 25)

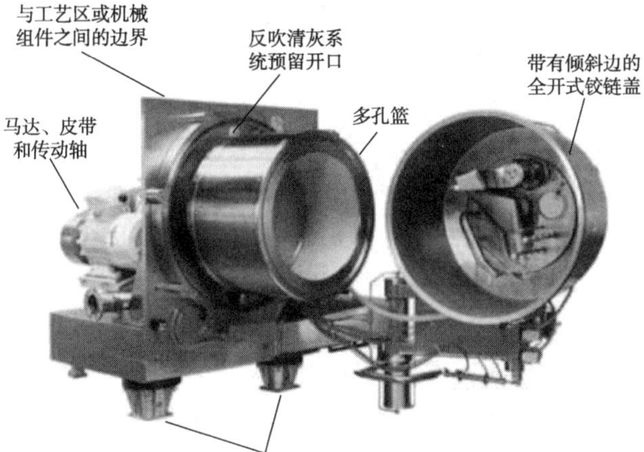

图 5. 17　配置现场清洗系统及出料槽的卧式刮刀卸料离心机(参考文献 5. 26)

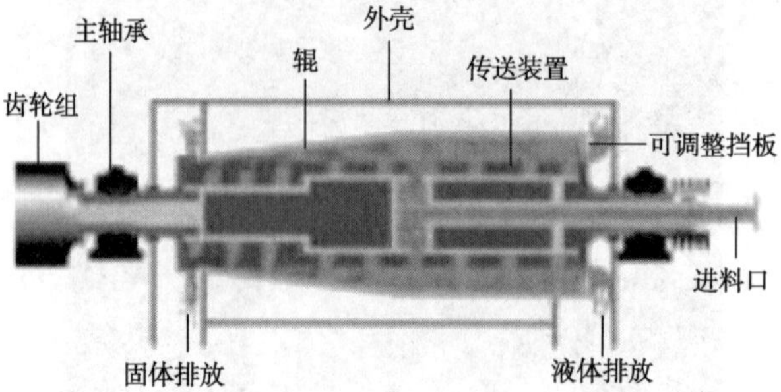

图 5.18　连续推进式离心机剖面图(参考文献 5.26)

在设计集尘器时，必须知道所涉及的粉尘是否可燃。大多数直径小于 500μm 的有机和金属粉尘不仅是可燃的(在某些特定情况下被点燃)，甚至会导致闪燃或爆炸。应测量粉尘的爆炸强度和最小点火能，应尽可能对最具代表性的材料进行测试。集尘器常用的保护措施有防爆通风口、防爆系统和惰化。图 5.19 显示了一个典型袋式集尘器的示意图。图 5.20 所示为集尘器爆炸泄放的照片。

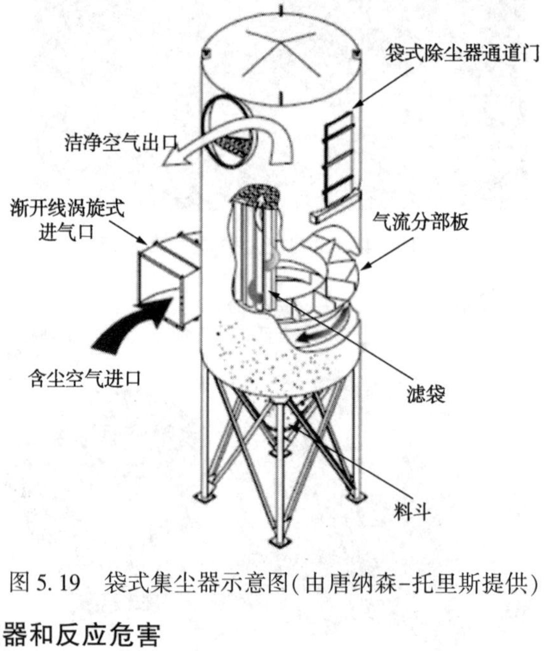

图 5.19　袋式集尘器示意图(由唐纳森-托里斯提供)

5.2.5　反应器和反应危害

概述：反应器设计中的关键过程安全问题是反应失控。当放热反应的放热速率超过撤热速率时，导致温度不受控地上升，就会发生失控反应。如果反应释放的热量超过了冷却能力，反应速度将加快(失控)，并可能导致过多的气体产生

图 5.20 集尘器爆炸泄放(由菲克公司提供)

或蒸气压力升高，在没有足够的超压泄放保护的情况下，可能会破坏反应器。如果超压泄放保护足够，则会通过泄放装置泄放以防止超压。

在失控反应中，温度会显著升高，这可能加速其他的放热反应。发生这种情况，其组成可能会发生变化，产生一种毒性更大的废气，就像在意大利塞韦索发生的那样(见第 2.1 节和下面的案例)。如果存在失控反应的可能性，则应了解废气的特性和组成。应该提供适当的下游系统来捕获和检测危险物料。

反应器的常见失效模式包括：搅拌失效、冷却系统失效、错误装填(反应物装填量过多或过少)、反应进料错误、反应进料顺序错误、反应物质量问题(浓度错误、反应物超过保质期)。

在反应过程中，反应物和溶剂需要充分混合，才能使反应按计划进行，并有效地输入或排出热量。因此，失去搅拌可以导致反应失控。见下文对意大利塞韦索事故的描述。搅拌器故障的一个类型是启动搅拌器过晚，这致使反应物集聚，然后突然间相互接触；冷却损失或冷却不足也可能导致反应失控，如下面详述的 T2 事故。

进料错误导致反应失控的案例有：用于吸收部分反应热的溶剂的进料不足，或放热物料的进料过多。产生浓度高于预期的反应物就是一个例子。许多反应都需要催化剂。使用超过其活性期或装料不足的催化剂会导致未反应材料的堆积，从而反应并释放出比反应器设计更多的热量。

另一类反应危险是反应物在未意识到的地方混合。博帕尔释放异氰酸甲酯(第 3.15 节)就是一个例子。

事故案例：

意大利塞维索(1976 年 7 月 10 日)：采用间歇式反应器分两步合成 2,4,5-三氯苯酚(TCP)。第一阶段是 1,2,4,5-四氯苯和氢氧化钠在 170~180℃的乙二醇和二甲苯溶剂中的反应。通常，在反应结束时，通过蒸馏去除一半的乙二醇，间歇冷却至40~50℃。通常用蒸汽来加热反应器至190℃，完成蒸馏过程。据了解，在230℃时可能会发生失控反应。

反应器在星期五开工，但在周末必须停车。在反应器必须停车时，蒸馏过程正在进行，反应并没有终止。随着装置其他部分的关闭，反应器的温度上升到300℃。周六凌晨5点左右，反应器和搅拌器关闭，但反应器却没有冷却，壁温为300℃。大约7.5h后，发生失控反应，爆破片破裂，释放约2kg的二噁英(一种剧毒副产品)到大气中。二噁英到达了附近的居民区，许多人患上了一种叫氯痤疮的皮肤病。释放的二噁英还杀死了数千头的农场动物，污染了土壤，17km^2(6.6miles^2)的区域变得不适合居住。

反应器上部余热使液体上部温度升高到200~220℃左右(见图5.21)。事故发生后的调查结果显示，缓慢的放热反应始于185℃，这可导致57℃的绝热温升；另一个放热反应始于225℃，导致114℃的温升。因此，余热足以将反应器内的温度提高到放热反应温度以上(参考文献5.27)。

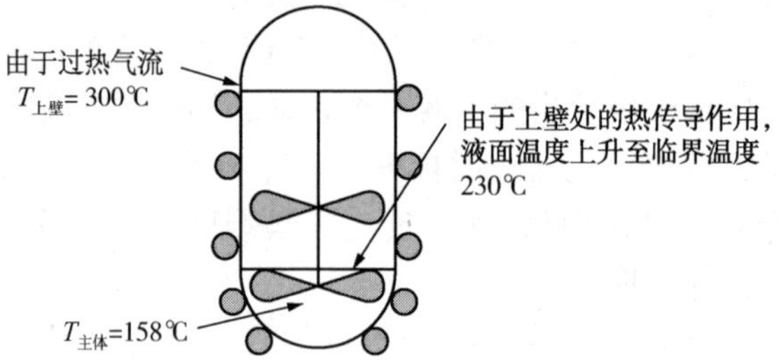

图5.21　塞韦索反应器(改编自罗恩·威利的实物演示)

T2实验室："2007年12月19日，佛罗里达州杰克逊维尔的T2实验室发生强烈爆炸，随后发生化学火灾，造成4名员工死亡，28名在附近企业工作的人员受伤。在1mile以外的地方发现了反应器的碎片，爆炸摧毁了距离该设施四分之一英里内的建筑。见图5.22~图5.24。

T2生产了一批甲基环戊二烯三羰基锰(MCMT)。下午1：23，工艺操作员让外操打电话给业主报告冷却问题，并让他们返回现场。他们一回来，其中一个业主就去控制室帮忙。几分钟后，下午1：33，反应器内的物料发生爆炸，控制室负责人和工艺操作人员以及两名离开反应器区域的外操死亡。"(参考文献5.28)

CSB调查发现在MCMT生产过程中的第一步就发生了失控的放热反应。在这个过程中没有足够的冷却导致了失控反应，并导致反应器压力和温度无法控制地上升。压力使反应器爆裂，器内物料被点燃，产生了相当于1400lb TNT的爆炸。

图 5.22 T2 爆炸前后的实验室现场(参考文献 5.28)

图 5.23 T2 实验室爆炸(参考文献 5.28)

图 5.24 爆炸后 3in 厚反应器的一部分(参考文献 5.28)

CSB 确定了根本原因为：

T2 实验室未能识别出 MCMT 相关的反应失控危险。

CSB 还确定了以下原因：

1. 由于缺乏设计冗余，T2 采用的冷却系统容易发生单点故障；
2. MCMT 反应器泄压系统无法释放失控反应产生的压力。

有关 T2 实验室爆炸的视频可在 CSB 网站 http://www.csb.gov/videos 上找到。

设计注意事项：表面积体积比随反应器尺寸的增大而减小。反应器中的体积和质量随反应器直径的立方增加而增加，而传热表面积随反应器直径的平方增加而增加。因此，当一个反应器变大时，放热的增加速度超过了撤热的能力。应对这一问题的策略包括增加冷却盘管(见图 2.2)或通过外部冷却器对反应物进行再循环。

放热反应运行最不可取的方法是在间歇反应器中一次添加所有的反应物，并开始反应。这就是先前描述的 T2 实验室过程的运行方式。放热反应运行的较好方法是半间歇模式。在这种模式下，一个或多个反应物在间歇循环中逐渐添加到反应器中。这使操作者能够在出现任何问题(如冷却或搅拌损失)时停止进料。放热反应运行的最佳方法是在连续反应器中(见图 2.1 和图 2.2)。对于相同的生产能力，连续反应器将更小，因此具有更好的散热能力。在一些工艺中，反应是在管式反应器中进行的，相当于是一个换热器。

反应器均需要一个紧急泄放系统(ERS)来泄放掉失控反应产生的压力。紧急泄放研究研究所(DIERS)对反应性泄放设计进行了研究。这是一个复杂的主题，通常需要行业专家(SME)来进行实际的紧急泄放系统等级评估。需要进行危险评估以确定适当的泄压设计方案，设计这些系统还需要进行化学反应的测试。

紧急泄放系统的替代品或补充物是添加化学物质，如阻止反应的抑制剂(称为停止剂)，或迅速将反应器内物料排空至装有水和化学物质的排空罐，以停止反应。

可使用专用充装管线、操作员培训和书面程序防止意外混合。

表 5.3 列出了反应器常见的一些故障模式和设计注意事项。有关本质上更安全的化学反应过程设计和操作检查表，请参阅附录 C。

5.2.6 燃烧设备

概述：燃烧设备，如火炬、焚化炉、热氧化器或传热流体加热器，通常用于为过程提供热量，以及处理过程中的可燃废料。例如，天然气在转化炉中转化为氢气，转化炉是由燃烧器加热一系列填充了催化剂的炉管到几百摄氏度。燃烧设备的其他用途包括产生蒸汽和蒸馏塔再沸的加热。

表 5.3 反应器常见故障模式、原因、后果、设计注意事项

失效模式	原因	后果	设计注意事项
冷却失效	冷却介质不足； 控制系统故障	潜在的失控反应	紧急泄放系统； 双冷却模式，例如：设置冷凝器和反应器夹套冷却； 当发现冷却液流量低、压力高或反应器温度高时，自动启动冷却介质； 自动停止反应物或催化剂的进料(半间歇或连续反应器)
搅拌停止	动力不足； 电机故障； 搅拌器叶片松动/脱落	潜在的失控反应	紧急泄放系统； 电机配置不间断备用电源； 搅拌器功率低或旋转联锁以停止反应物或催化剂的进料或启动紧急冷却
反应物或催化剂过量	测量误差； 控制系统故障	潜在的失控反应； 反应器溢流	紧急泄放系统； 专用装料罐，其尺寸仅能容纳所需反应物/催化剂的数量； 通过流量累计限制反应物/催化剂的添加量； 冗余流量累计； 高液位联锁限制反应物或催化剂的数量
错误的反应物/催化剂	识别错误； 产品调整过程中的混淆	潜在的失控反应	紧急泄放系统； 生产一种产品的专用给料罐和反应器生产线； 通过控制软件控制电动阀或泵在扫描到正确的物料条形码之前无法运行
不按顺序完成步骤	错误的指导/培训； 人为错误	潜在的失控反应	在进入下一步之前，验证步骤已完成的控制体系

常见的故障模式是由于燃烧不足、燃料供给过多或空气(氧气)不足而导致未燃烧的燃料积聚，未燃烧的燃料会点燃并引起火灾或爆炸。第二种最常见的失效模式是炉管失效，这可能是由过热、火焰冲击、不当燃烧、热循环、热冲击或腐蚀引起的。这也可能导致火灾和爆炸。液体带入火炬和焚烧炉也会引起爆炸(见德士古米尔福德港爆炸，第 3.9 节)。

事故案例：

例 1：在点炉过程中，由于燃烧室爆炸，加热炉严重损坏(图 5.25)。操作员在仪表方面遇到一些困难，决定用旁路安全联锁装置来完成启动。这使得燃料气管路可以在缺少监控的情况下进行调试。主气阀打开，加热炉充满气体。加热炉爆炸了，损坏了外壳和几根管子。幸运的是，没有人受伤(参考文献 5.29)。

例 2：爆炸摧毁了得克萨斯州诺瓦化工厂的加热炉和邻近的塔(图 5.26)。爆炸前，一名操作员注意到低氮燃烧器存在火焰稳定性问题，并开始手动调节气

流。在对燃烧器进行调整的几分钟内，只听到一声巨大的爆裂声，随后炉内发生了一次大爆炸。爆炸是由于燃烧器喷嘴堵塞导致火焰不稳定产生的(参考文献5.30)。

图 5.25　加热炉损坏(例 1)

图 5.26　诺瓦化工厂的加热炉和邻近的塔(例 2)

例 3：在停机检修后，合成氨厂的氢转化炉正在重新启动。在装置正常启动过程中，氮气通过一段转化炉，在转化炉出口保持 50℃/h 的升温速率。氮气在一个封闭的循环中流动，也就是说它被循环回转化炉中。这个循环一直持续到转化炉出口温度达到 350℃。为了提高转化炉出口温度，需要点燃更多的燃烧器。

由于是紧急停车，现场没有足够的氮气库存用于开车。补充氮气库存至少需要 8~10h。为了节省停产损失，还是开启了开车程序。在没有氮气的情况下，炉内开始燃烧，并监测到转化炉出口温度为 50℃/h 的升温速率。转化器出口温度没有升高，因此燃烧速率增加。在此期间，对流区温度控制系统出现了多次报警。但警报被摘除，因为内操正忙于汽包的水位控制警报会对操作带来不便。由于出口温度没有变化，燃烧速度进一步提高，72 个燃烧器中的 56 个被点燃。这代表了大约 70%的热负荷，没有任何流体流过转化炉。内操指示设备操作员对转化炉进行检查，操作员发现转化炉管在炉内熔化。

在转化炉燃烧时，没有引入任何氮气的情况下监测转化炉的出口温度。由于没有任何流经转化炉的流体，其出口温度没有升高，且在没有工艺介质的情况下增加的热量导致炉管温度升高，最终导致炉管熔化(参考文献 5.31)。

设计注意事项：过程控制和过程安全控制由两个控制系统处理。过程安全注意事项通常由燃烧器管理系统(BMS)处理。BMS 监控温度、压力和燃烧器火焰。联锁停车和复位联锁是 BMS 控制的一部分，包括点火顺序、燃料切断和吹扫，即确保在重新点火前清除多余的燃料。BMS 是一个关键的安全系统，不应该被屏蔽，或者如果一个企业认为有必要的话，只有在变更管理评审中制定了替代的安全控制之后，才应该被屏蔽。

燃烧控制系统控制燃油与空气的比例、燃烧速率等，接受操作员的输入，并根据系统需求进行调整。燃烧控制系统也可以包括过程联锁。

管道破裂可以通过监测管道表面温度(首选)或监测流经管道的流量来预防。

在锅炉中，锅炉水位供应的损失是灾难性的。可靠的液位监测和控制至关重要。可靠的水位控制包括锅炉给水连续供应的设计。

燃烧设备的危害是众所周知的，许多国家都有特定的行业燃烧设备标准，这些标准定义了 BMS 所需的设计特征和管理系统。涵盖燃烧设备的标准包括：

- NFPA 85《*锅炉和燃烧系统危害规范*》(*Boiler and Combustion Systems Hazards Code*)，2011 年；
- NFPA 86《*加热炉和熔炉标准*》(*Standard for Ovens and Furnaces*)，2011 年；
- NFPA RP 87《*液体加热器的推荐操作程序*》(*Recommended Practice for Fluid Heaters*)，2015 年；
- API RP 556《*燃气加热器的仪表、控制和保护系统*》(*Instrumentation, Control, and Protective Systems for Gas Fired Heaters*)，第二版，美国石油学会，2011 年；
- API RP 560《*炼油厂通用加热炉*》(*Fired Heaters for General Refinery Service*)，第四版，美国石油学会，2007 年。

5.2.7 储罐

储罐概述：加工厂需要对原材料、中间产物和最终产物进行储存。储罐包括压力储罐、常压储罐和筒仓/料斗(用于固体)。要评估储罐的安全风险，必须了解材料的特性。

储罐常见故障：

- 由于过充、机械故障、过度增压、真空故障导致密封度降低；
- 由静电引起的内燃或爆炸；
- 因向罐中装错物料引起不可控反应；
- 沸溢，罐顶部表面燃烧发出的热波抵达底部液体层，引发底部液体层沸腾；
- 翻转，逆密度梯度导致的不稳定性，使储集层底部大量液体自顶部表面突然移动。

案例事件：

邦斯菲尔德(Buncefield)火灾爆炸事故：某周日上午，输油管道将汽油输入邦斯菲尔德油库某一油罐。由于防止油罐过充汽油的安全系统未能正常切断，汽油便像瀑布一样从油罐一侧倾泻下来，多达300t汽油从油罐中漏出。

约45min后，连环爆炸发生。主爆炸规模较大，大概集中在仓库以西的停车场。这次爆炸是一次由爆燃到爆炸的转变(DDT)事件。此事件可能是由于该地区浓密植被的遮蔽导致的。令专家们感到意外的是，爆炸产生的超压要高很多。爆炸发生前，他们没有预料到油罐的蒸气云爆炸会发生这样的转变。

这一连串爆炸还引发了一场大火，吞没了涵盖本斯菲尔德仓库大部分地区的20多个大型储罐。大火燃烧了五天，摧毁了大部分仓库(图5.27和图5.28)。除了仓库，周围的设施和居民区也受到了破坏。离仓库最近的一些房屋面目全非，其他房屋结构也受到严重破坏。距仓库5miles(8km)远的其他建筑受到破坏较轻，受损主要体现在窗户、墙壁和天花板上。

图5.27 爆炸前的邦斯菲尔德油库(参考文献5.32)

图 5.28 爆炸后的邦斯菲尔德油库(参考文献 5.32)

储罐倒塌事故：1919 年，一个 230×10^4gal(8700m^3)的糖浆储罐(Molasses)突然破裂，储存物冲进波士顿市区。一个超过 15ft(5m)高、1600ft(50m)宽的糖浆巨浪以约 35miles/h(60km/h)的速度在超过两个街区涌动(图 5.29)。该事故导致 21 人死亡，150 多人受伤。施工过程中，油箱没有得到合理检查，加注前未进行水压试验。焊缝之间观测到泄漏，但并未采取任何措施(参考文献 5.33)。

图 5.29 波士顿油罐倒塌前后

化学卸料错误事故：卡车将名为“Chemfos 700”的硝酸镍和磷酸溶液送到工厂。一位工人指挥卡车司机到达卸货地点，并派一名管道工帮助卸货。管道工打开工作面板，六个连接管道分别通向六个不同储罐，每个卸料管道都标明了储存在罐内的物料。司机告诉管道工人物料是“Chemfos 700”，然而管道工却把卡车上的软管靠近“Chemfos 700”管道，标有“Chemfos Liq，Add”(图 5.30)的接口上。

这类似于台塑爆炸事件中的人为因素(第 3.10 节)。这是因为“Chemfos Liq, Add”槽中含有亚硝酸钠溶液，亚硝酸钠与“Chemfos 700”反应生成有毒的一氧化氮和二氧化氮。卸料刚开始几分钟，一片橙色的云出现在储罐附近(图 5.31)。随即卸料停止，但有毒气体还在继续释放(2400 人被疏散，600 名居民被安置在当地避难所)(参考文献 5.34)。

图 5.30　面板管道连接(1)及“Chemfos 700”“Liq Add”管道连接(2)

图 5.31　一氧化氮和二氧化氮的云

真空导致坍塌事故：字体喷漆时，为防止油罐内容物受到污染，便使用塑料覆盖呼吸阀。液体泵出时，覆盖物阻止了空气/氮气进入，出现真空，导致罐体部分坍塌。如图 5.32 所示(参考文献 5.35)。

储罐设计：设计储罐时，设计者有以下几种选择：储罐可以放置在地下或地上(地上储罐可采用固定顶或浮顶)，储罐也可以分为常压储罐或压力罐。

地下储罐(UST)的优点是：可以免受外部火灾侵袭。如遇同一堤防储罐内易燃物质密封度降低，即使外部温度波动较大，地下储罐也能得到保护。然而，地下储罐由于渗漏会大大增加土壤和地下水污染的风险。因此，现在大多数地下储罐都要求设计成双容罐或放置在地下空间内，并在储罐双壁之间或地下空间中进行检漏(图 5. 33)。为防止土壤和地下水污染，美国环保局和许多州对此都有严格的规定。美国环境保护署还有一个关于地下储罐管理的网站，网址为 http://www. epa. gov/oust/index. htm。

图 5. 32 真空事故坍塌水箱

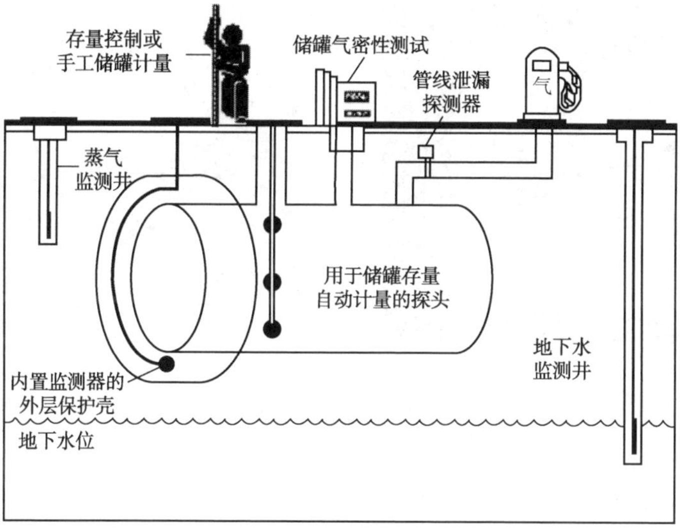

图 5. 33 UST 泄漏检测方法示意图(参考文献 5. 36，图片来源：EPA)

地下储罐的一种变体是覆土式储罐设计(图 5. 34)。这是一个地上覆土储罐。覆土处理使储罐可以几乎不受 BLEVE 的影响。覆土储罐经常用于液化石油气储罐。由于施工时可安装防渗膜，液化石油气不存在地下水污染问题。

图 5.34　覆土式地下储罐(图片来源：BNH)

固定顶储罐通常用于储存特定温度下(如 20℃)蒸气压低于 1.5psia 的物料；浮顶罐可以储存在特定温度下蒸气压力高达 11.5psia 的物料。浮顶罐可以外浮顶，也可以是内浮顶(图 5.35)。浮顶罐的优点是上面没有蒸气空间，因此，如果物料是可燃的，顶部空间没有可燃蒸气致燃。

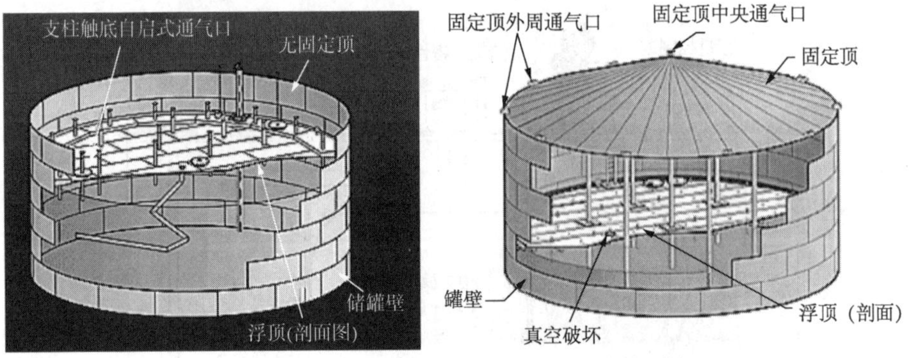

(a)　　(b)

图 5.35　外浮顶(a)和内浮顶(b)油罐示意图(图片来源：petroplaza.com)

然而，浮顶也会形成其他风险。浮顶可以倾斜，并在一个位置形成漏点。这样，充装或清空油罐可能会导致物料溢出，从而导致密闭度降低，致使油罐坍塌。此外，罐壁和浮顶密封之间可能会有泄漏，如果物料易燃，可能会引发密封圈环形着火。顶部排水管，如图 5.35(a)所示，位于油罐中间的弯曲式连接管道，用于将雨水排入储罐防火堤内。如果排水管发生泄漏，又缺乏检测和响应机制，罐内物料便会全部流出。

浮顶排水系统的破坏突出了地上储罐的另一个方面。地上油罐必须建在防火堤内，为储罐的泄漏提供二级收容。防火堤需要足够大，以安全容纳储罐体积(行业经验是储罐体积的110%)。地方和联邦法规通常要求堤坝包含防火堤内最大储罐的全部容积，防火堤需要定期维修以防渗漏。

压力储罐用于储存蒸气压力较高的物料，如氨、丁烷或液化石油气(LPG)(图5.36)。储罐超压则容易导致沸腾液体扩展为蒸气云爆炸(BLEVE)现象。当容器温度达到储存液体沸点，并在压力下发生故障时，就会发生沸腾液体扩展为蒸气云爆炸现象。虽然压力容器设计的安全系数一般可达4(即设计压力为100psi的容器在达到400psi之前不会发生故障)，但是若蒸气空间遇明火，容器可能会在低于设计压力的情况下发生故障。这是因为金属的极限抗拉强度在550℃高温环境中将降低到原来强度的50%。碳氢化合物火焰温度约为1150℃。因此，当气相空间达到此温度时，储罐可能会发生重大故障。而后，沸腾的液体加速运动，产生大量的蒸气和压力爆炸。如果蒸气是易燃的，其通常会自燃并形成火球。大多沸腾液体扩展为蒸气云爆炸现象都由暴露于明火中所致。高温火焰削弱了金属的极限抗拉强度，致使罐体发生爆炸。1984年墨西哥城奥运会上发生的许多爆炸事件都是沸腾液体扩展为蒸气云爆炸所致(见第3.14节)。

图5.36 压力储气罐

固定喷水、喷淋系统或消防水炮可以使容器保持较低的温度，即使是在火灾中也能保持结构完整性。目前，液化天然气储罐采用双容罐结构，并在外墙和储罐之间进行隔热，以降低火灾带来的热量输入。本节前面提到的带底座储罐的设计，同样也是为了保护受压储罐不受火灾影响。

一般故障模式：

物料充装过量：溢流保护可是由溢流管引致其他安全的地方，也可以当物料有毒或易燃时设置联锁自动切断进料。溢流控制系统应有多个设备组成，以保障系统的完整性和各部分的独立性。

设备故障：腐蚀是导致设备故障的主要原因。同时，制造或维护中的不当操作也可能导致设备故障。随着时间的推移，环境潮湿度和老化的设备会影响设备的腐蚀和失效程度。对于绝缘储罐，此种腐蚀(CUI)也会导致设备故障。选择合适的施工材料，在施工中遵循正确的规范和标准，并不断进行检查、维护和测试，是防止设备故障的主要措施。新工程师可能会例行对供应商进行监督制造，检查和验证存储容器是否符合设计规范。

超压和真空：过快注满或过快排空油罐会导致超压或真空现象。在蒸汽清洗或填充热材料后的快速冷却，也可能导致容器出现真空，从而引发事故。对此，工厂可安装压力和真空保护装置。NFPA 30《*易燃和可燃液体规范*》(*Flammable and Combustible Liquids Code*)(参考文献 5.37)对通风口和紧急通风口的尺寸有相关概述。操作人员需要知道填充和清空罐体的设计速率，在操作时注意速率限制。高压和低压联锁可用于充装停止或排空停止。如果需要进行超压释放，固定顶常压罐也可以采用罐顶弱焊。

常压储罐的溢流管为常压储罐提供了超压保护，因此必须相应地调整储罐尺寸。通常情况下，常压储罐的设计不能承受超过溢流上方几英寸液体高度的压力。排气管道应该与常压储罐上的溢流管道分开。这是因为排气管道通常用于输送气体，而对于液体流量来说管道直径太小。但是，将排气孔和溢流管线合并成一条大管线，会产生两相流，随后导致静压产生，最终致使储罐超压。

堵塞或阻塞排气孔会破坏压力/真空保护系统(参见真空故障示例)，因此要留意储罐外部是否有鸟窝。易聚合物料会堵塞通气口。此外，寒冷的天气会导致通风口和密封罐溢出物质冻堵，这同样也会导致压力/真空保护失效。因此定期检查和维护压力/真空保护装置尤为必要。

炼油厂流程图如图 5.37 所示。

翻转：当物料在罐内分层时，翻转现象就会发生。以液化天然气储罐为例，液化天然气由于来源不同而导致的密度差异会导致其不稳定，并在储罐内分层。这些层可能会根据密度上下翻转以使罐内液体保持稳定。减压系统中，翻转出现的几率较低。移质力会导致储罐产生裂纹或其他结构故障，为此可采用分布式温度传感器控制系统和泵循环混合系统来为储罐提供侧翻保护。

内部火灾/爆炸：如果罐内储有易燃物料，则可能发生内部爆燃。静电是引发火灾的一种常见形式：不管是流体通过管道流动，还是液体喷溅，又或是不同相在容器中混合，特别是其中一种相不导电时，都可能产生静电。易燃液体的存储应防止液体喷溅，使用浸管或从底部进料。填充率应保持在一定的水平以下，

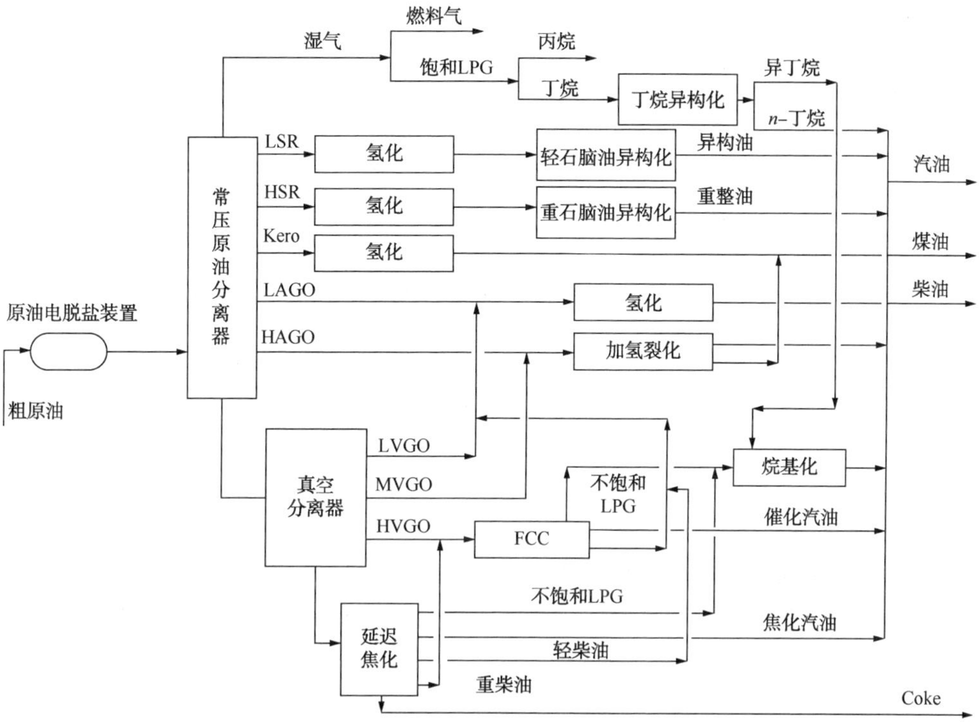

图 5.37　炼油厂流程图(参考文献 5.43)

直到浸管被覆盖。为了避免化学操作中的静态点火危险，本文提供了关于填充率的指南，以最大限度地*减少静电的产生*(参考文献 5.38)。蒸气空间的惰化是另一种点火控制方法。储罐应适当接地，以导除所有可能的静电。所附设备应与储罐连接。NFPA 77《*静电处理相关建议*》(*Recommended Practice on Static Electricity*)(参考文献 5.39)包含了关于静电产生和控制的信息。CSB 的视频“堪萨斯州的静电火花爆炸”描述了一个由静电引起储罐爆炸的例子。阻火器是可燃储罐上需要的另一个重要保护装置，阻火器可以防止外部火灾的火焰通过正常的通风口蔓延到储罐内。阻火器允许气体通过，但可以有效阻止火焰蔓延。

雷击：雷击是储罐着火的另一个常见原因。NFPA 780《*防雷系统安装标准*》(*Standard for the Installation of Lightning Protection Systems*)(参考文献 5.40)，为含易燃液体储罐的保护提供了指导。雷击可使在浮顶常压储罐密封附近的蒸气点燃。通常情况下，浮顶储罐的四周装有泡沫堰板和泡沫发生器，且只在罐顶装设泡沫，并未覆盖整个浮顶区域，但也同样可以获得较好的灭火效果。同时因为蒸气空间不易燃，内浮顶罐不易受到影响。

不可控反应：向罐内添加不相容的材料会引起反应(请参阅错误化学反应示

例)。防止不可控反应发生，首先要查明可能倾倒在储罐的潜在不相容材料，为此则需要查验材料的 MSDS。其他查验参考资料包括：

- *《布雷特里克反应性化学危害手册》*(*Bretherisk's Handbook of Reaction Chemical Hazards*)，第 7 版，学术出版社(参考文献 5.41)；
- 化学反应工作表，NOAA 响应和恢复办公室(免费下载)(http://response.recovering.noaa.gov/oil-and-Chemical-spills/chemy-spills/respons-tools/downloading-chem-reactiv-worksheet.html)。

查明可能发生反应的物料后，便可设计以下防控措施：卸货之前对物料进行抽样检测，对储罐中可能引起反应的物料进行卸货罐号定位，使用卸货站专门的卸载工具，标记储罐卸载线，精准操作，保留操作过程书面存根。若储罐卸载到可能存在其他物料的容器中，可以使用止回阀防止储罐回流，如果检测到回流，则联锁关闭截止阀。

如单体或水等材料的自反应较为特殊(一些自反应材料需要进行冷却、保温等温度控制)，单体与抑制剂则可以一同加入，且因为周转量的考虑，盛装容器可以进行快速周转。单体可能会堵塞正常和紧急通风口，因此需要定期对其进行检查、清洗。对于一些易于和水发生反应的材料，可以使用惰性气体进行填充，起到隔绝水的作用。

以下是相关储罐标准：

- API STD 650*《焊接储罐》*(*Welded Steel Tanks for Oil Storage*)，第 11 版：美国石油学会。华盛顿特区，2008 年；
- API STD 651*《石油储罐地面阴极保护》*(*Cathodic Protection for Aboveground Petroleum Storage Tanks*)，美国石油研究所。华盛顿特区，2014 年；
- API STD 620*《大型焊接低压储罐设计与施工》*(*Design and Construction of Large, Welded, Low-pressure Storage Tanks*)，美国石油学会。华盛顿特区，2008 年；
- API STD 2000*《排气和低压储罐》*(*Venting Atmospheric and Low-pressure Storage Tanks*)，第 6 版：美国石油学会。华盛顿特区，2008 年；
- ASME*《锅炉和压力容器规范》*(*Boiler and Pressure Vessel Code*)(参考文献 5.2)。
- NFPA 30*《易燃易爆液体法规》*(*Flammable and Combustible Liquids Code*)，国家消防协会。昆西，马萨诸塞州，2008 年；
- NFPA 58*《液化石油气规范》*(*Liquefied Petroleum Gas Code*)，2008 年版，国家消防协会。昆西，马萨诸塞州，2008 年。

5.3 石油加工

世界上大部分地区都有石油加工设施，然而在过去 50 多年里，处理中发生的事故层出不穷。此外，石油加工所使用的安全措施以及安全措施的失效模式与其他流程工业有密切联系。因此本节选取石油加工作为流程工业的例子进行说明。

炼油厂的主要任务有：将原油转化为轻质油(LPG)、将燃料(汽油、柴油、煤油、喷气燃料)和较重产品(润滑油、沥青、焦炭)的各种加工单元进行组合等。炼油厂的基本操作包括分离、裂解、异构化、重整、烷基化，将原油转化为丙烷、汽油、煤油、柴油等组分。

下面讨论是炼油厂一个单元的工作示例。图 5.37 所示为炼油厂流程图。读者也可以参考《*石油炼制基础读本*》(*Petroleum Refining in Nontechnical Language*)，第 4 版(参考文献 42)和《*炼油厂实战演练*》(*An Oil Refinery Walk-Through*)(参考文献 5.43)，对炼油厂生产过程进行初步了解。

5.3.1 炼油厂一般的工艺安全危害

炼油厂处理大量易燃气体和液体时任何引起容纳失效的事件都有可能导致火灾和爆炸。炼油厂可以安装带有水喷淋系统的可燃气体探测器，以减弱某些可燃气体泄漏造成的影响。继第 3.1 节中提到的得克萨斯城爆炸后，人们越来越重视炼油厂内建筑物的布置和保护。

许多炼油厂处理的原料中含有各种形态的硫，并在加工过程中产生大量副产品硫化氢(H_2S)。H_2S 是一种高毒性、高密度的气体，浓度低至 400ppm 时就会导致死亡。虽然人们能够察觉低浓度的臭鸡蛋味，但当浓度达到 100ppm 左右时，人们会对该气味逐渐不敏感，因此仅凭气味不能警示浓度增加或泄漏。事实上，100ppm 浓度是直接威胁生命和健康(IDLH)的最低限制。当硫化氢达到这一浓度时，会对生命构成直接威胁，并造成不可逆转的严重危害，或会丧失人员逃离危险气体区域的能力。这是因为在 100ppm 的浓度下，硫化氢会刺激眼睛，使人呼吸困难。此外，与氯等其他剧毒物质不同，H_2S 是一种看不见的气体。由于比重较重，它会聚集在通风不良的地方。因此，一旦 H_2S 容纳失效，后果将十分严重。炼油厂通常会配备用于检测硫化氢的区域气体探测器和便携式硫化氢监测器，这些监测器需要在工厂内佩戴。加氢处理(第 5.3.4 节)具有脱硫和除硫化氢的作用。

炼油厂有许多换热器、蒸馏塔、熔炉加热炉和储罐，这些容器都含有易燃物质，还有许多含有硫化氢这种有毒气体。换热器(第 5.2.2 节)、蒸馏塔(第 5.2.3 节)、加热炉(第 5.2.6 节)和储罐(第 5.2.7 节)各节中提到的操作问题会导致容纳失效，引发火灾和爆炸。

由于原油中的杂质导致管道和设备的腐蚀，以及在一些操作中氢气的使用，都是炼油厂的常见问题。腐蚀还会导致炼油厂装置内物料的减少。对于一家炼油厂来说，物料在线量的损失率是衡量炼油厂 PSM 的关键因素。

资料来源：

本节的编写参考了下列有关炼油厂的资料：

• OSHA 技术手册—第四部分：第二章—石油炼制过程。(https://www.osha.gov/dts/osta/otm/otm_iv/otm_iv_2.html)

• 非技术语言的石油炼制(参考文献 5.42)。

• 美国石油学会(API)推荐实践(API 有几个推荐实践文档，其中一些将在下面的小节中列出)。

5.3.2 原油处理与分馏

概述：原油在加热炉中加热，随后在 650~700℃(1200~1300℉)的蒸馏塔中分离成几个馏分——这部分工序通常称为原油单元。在一些炼油厂，蒸馏塔的重油将进入减压蒸馏塔，以便在较低的温度下进一步蒸馏原油。这一操作使得原油可以在较低的温度下进一步分离而不会发生热裂解。图 5.38 为常压精馏塔的工艺流程图。

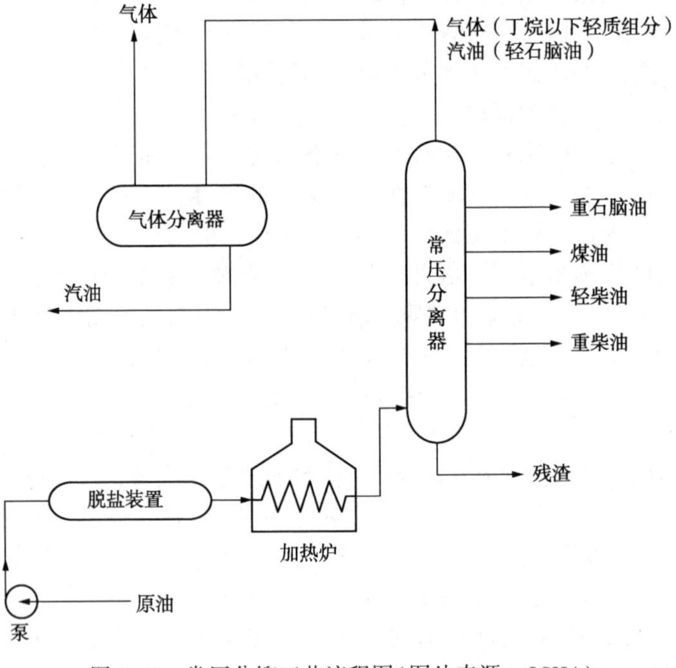

图 5.38　常压分馏工艺流程图(图片来源：OSHA)

过程安全事件和危害示例：在第 2.11 节中，曾对雪佛龙里士满(Chevron Richmond)炼油厂的蒸气云火灾进行了相关描述，该火灾发生在原油处理和分馏单元中。在那次事件中，由于硫化物腐蚀管线，管线破裂，释放蒸气，从而引发了一场蒸气云火灾。硫化腐蚀是由于硫化合物之间的反应，尤其是硫化氢与铁在温度为 230~430℃(450~800℉)下。这将导致钢材等材料变薄，因此需要对管道进行定期监测和管控，防止管道受损。

原油中硫化氢(H_2S)和其他硫化物等杂质的存在，可导致原油单元的所有部位产生硫化腐蚀。使用含铬量较高的钢可以减轻腐蚀危害。就硫化腐蚀而言，这种钢本质上比碳钢更安全。此外也可以将氨注入塔内，可以控制腐蚀。同时，仍然需要有具备设备完好性的程序对腐蚀危害进行管理。API 有一个实践建议，API RP 939-C 指南，用于避免炼油厂的硫化物腐蚀故障，2009 年第一版。

5.3.3 轻烃处理与分离

概述：原油分馏装置内的气体输送到气体处理装置内，或称为饱和气体处理装置(即碳原子完全与氢达到饱和)。一个典型处理过程包括压缩液化气体、相分离、贫溶剂吸收气体，然后用一系列分馏塔对乙烷、丙烷和丁烷进行分离。

过程安全事件和危害示例：虽然第 3.5 节中提到的埃索·朗福德爆炸并不是在炼油厂发生的，但这一事件表明天然气厂的蒸发冷却是大的危害。气体绝热膨胀时会发生自冷现象，由此产生的低温会使碳钢等金属的塑性和脆性急剧转变，从而导致金属脆化。金属脆化又会导致容器和管道破裂、泄漏甚至引发气体爆炸。丙烷罐的丙烯蒸发导致水汽凝结也会引起自冷。任何化工生产中都会存在自冷带来的安全危害。除了液化石油气，氨、氯和氯化氢等气体也会导致自冷。

AIChE 开设了一门关于自冷和金属脆化的课程。该课程对本科生免费，网址为：http://www.aiche.org/ccps/resources/chemeondemand/conference-presentations/auto-refrigeration-and-metal-embrittlement。

关于轻烃泵，轻烃压力升高会使泵的密封部件有泄漏危害。美国天然气处理厂的机泵采用了更可靠的密封，如带有密封油罐的双密封，以防止泄漏。

由于轻烃受压，因此一旦用于减压的背压阀发生故障，机组就可能发生汽化，如果压力继续升高，则可能进一步导致管道和设备破裂，引发大量易燃物质的泄漏。通常会安装可以泄放到火炬系统的泄压阀，可以有效防止超压。

如第 5.7.3 节所述，天然气处理厂的外部明火可导致沸腾液体蒸气膨胀爆炸。

5.3.4 加氢处理

概述：加氢处理的主要目的是去除硫、氮、氧和金属等杂质。原料与氢气混合，预热至 600~800℃(1100~1472℉)，在高压下[最高 69bar(1000 psi)]注入催化反应器，形成 H_2S、氨(NH_3)和金属氯化物。物料的烃类组分包括烯烃和芳烃，与氢反应形成饱和化合物。反应产物经减压和冷却后，氢气被循环利用，剩下的物料送至塔内从油品中除去轻组分。图 5.39 为加氢处理装置的工艺流程图。

过程安全事件和危害示例：2010 年，特索罗·阿纳科尔特(Tesoro Anacortes)炼油厂在加氢处理过程中发生爆炸(参考文献 5.44)。该起事故中，换热器发生破裂，在 500℃(930℉)的温度下释放出氢气和石脑油，引发火灾，事故共导致七人死亡。

了解美国化学安全和危害调查委员会(CSB)有关该起事故的视频介绍，请访问 www. csb. gov/videos/。

换热器的断裂是由高温氢腐蚀(HTHA)的现象引起的。高温氢腐蚀是指，氢会在高温环境中扩散到设备的钢壁中，并与钢中的碳发生反应，产生甲烷。钢的含碳量减少，钢内压力增大。接着甲烷会在钢上形成裂缝，使其强度变弱。特索罗炼油厂的换热器为碳钢，易受高温氢腐蚀影响。由于高温氢腐蚀产生裂缝非常小，在腐蚀早期很难察觉。等到腐蚀可以被检测到时，设备缺陷可能已经非常严重。高铬钢可以有效防止高温氢腐蚀，相比之下较为安全。

美国石油学会(API)提供了防止高温氢腐蚀的推荐作法：API RP 941《*炼油厂和石化厂高温高压临氢系统材质选用*》(*Steel for Hydrogen Service at Elevated Temperatures and Pressures in Petroleum Refineries and Petrochemical Plant*)，2008 年第 7 版。API RP 941 绘制了一条曲线，称为纳尔逊(Nelson)曲线，曲线显示了各种金属可能发生高温氢腐蚀所需的温度和压力。而美国化学安全和危害调查委员会的调查显示，纳尔逊曲线并不准确。2011 年，美国石油学会也对相关数据作出声明。

此外，加氢过程还有一个潜在的危险。如果反应进料流量中断(例如，进料泵停机)，则高压氢气可能会从反应器倒流。单独或组合使用止回阀和切断阀可以防止倒流，降低风险。

加氢反应是一种放热反应，因此通过调控进料速率和进料温度，可以起到控制加氢反应的效果。失控会导致温度过高，并对容器造成损害。操作人员可以通过调整进料速度或预热温度来控制反应，也可以设置急冷系统。

图 5. 39 为加氢反应工艺流程图(参考文献 5. 43)。

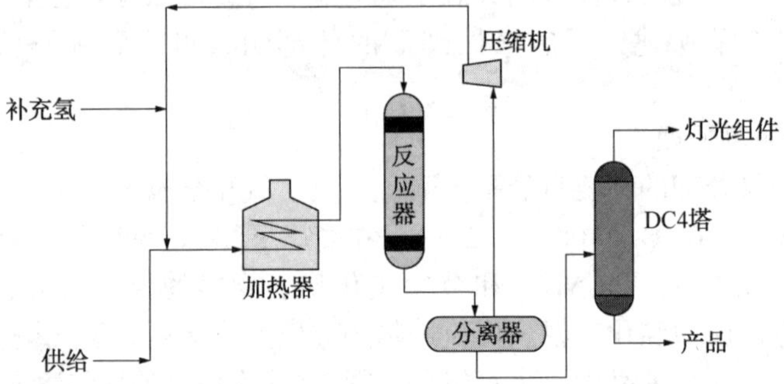

图 5. 39　加氢处理装置工艺流程图

5. 3. 5　催化裂化

概述：催化裂化是指利用催化剂将原油蒸馏装置中的重馏分分解成较轻的馏分(如汽油和煤油)的过程。最常见的工艺是流化催化裂化(FCC)。图 5. 41 为

FCC 的工艺流程图。催化裂化装置是炼油厂最大的工艺装置之一。在 425~480℃(800~900℉)的提升管中，流动的油和催化剂混合，发生反应。催化剂在分离器中与产物分离，进入再生器，在再生器中通过空气来燃烧在催化剂表面形成的焦炭。催化剂出口温度一般为 650~815℃(1200~1500℉)，从再生器出口输送的再生催化剂便直接可返回到反应器的提升管内。

反应产物会流入一个分馏塔内，在塔内反应生产馏分产生分离，重油会被回收进反应提升管。

过程中的安全危害：催化剂对管道的磨损会对容器造成损害，因此需要对腐蚀引起的泄漏进行定期检查。

反应器滑阀的逆流(见图 5.40 中的 dP 单元)会给反应器中导入空气，产生可燃混合物，并点燃热烃类，引发火灾或爆炸。硫化亚铁的形成也可能引发火灾，因此要尽量排除废催化剂的潜在危险。废催化剂在倒入容器前必须进行冷却和润湿。

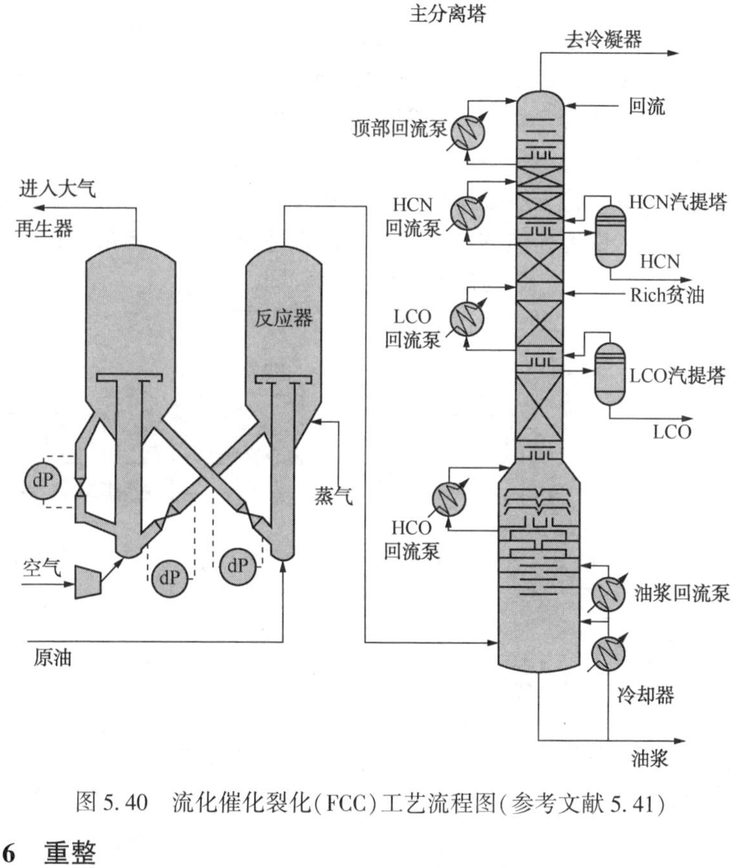

图 5.40 流化催化裂化(FCC)工艺流程图(参考文献 5.41)

5.3.6 重整

概述：重整是将环烷和石蜡转化为芳烃和异链烷烃，提高辛烷值的过程。这个过程也会释放氢，用于加氢装置。重整包括半再生重整和催化剂连续再生(CCR)两种。连续催化剂重整工艺流程图如图 5.41 所示。图中将一系列反应器简化，用反应器单元表示。

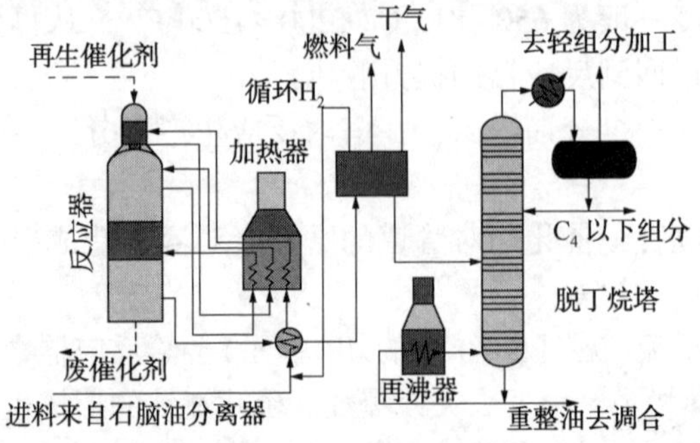

图 5.41 CCR 重整装置工艺流程图(参考文献 5.43)

过程的安全危害：重整装置也属于高温临氢。此外，氢可能与氯化物反应形成氯化氢，导致氯腐蚀。需要一个良好的检查程序来检查由于腐蚀引起的泄漏。催化剂再生过程中可能会产生一氧化碳和硫化氢的排放。

5.3.7 烷基化

概述：烷基化单元将异丁烯与丙烯和丁烯反应生成烷基化物，烷基化物是一种异辛烷和其他高辛烷值物质的混合物。该反应中通常使用硫酸(H_2SO_4)或氢氟酸(HF)作为催化剂。图 5.42 为烷基化装置流程图。

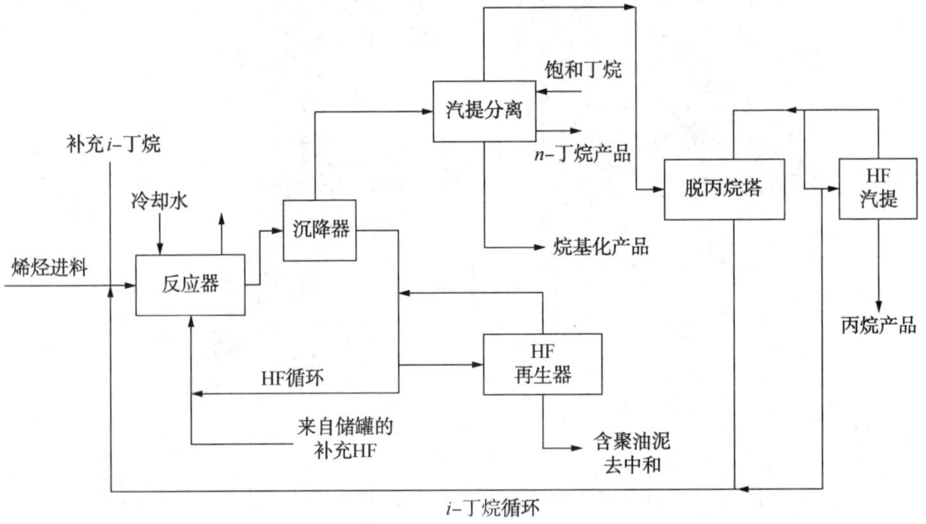

图 5.42 氢氟酸烷基化工艺流程图(参考文献 5.46)

过程安全事件和危害示例：烷基化装置会使用大量的硫酸或氢氟酸，而两者都具有较强的腐蚀性和危险性。一旦操作失控就会带来较大危险。氢氟酸危害性尤其显著，其除了具有更强的腐蚀性，且具有毒性。皮肤接触吸收即可导致心脏骤停，而一旦吸入则会是肺部组织受损。氢氟酸甚至能够形成云状物，飘散至炼油厂外。一些装置会配备自动检测系统，对泄漏介质进行检测，并在氢氟酸云状释放物上喷洒大量的水，以去除或稀释空气中氢氟酸含量。如下所述为得克萨斯城事件相关情况。

1987年得克萨斯州氢氟酸泄漏事件：事故发生当天，吊车起吊换热器因故障而掉落，砸断了一根4in装油管线和一根2in泄压管线。两根管线连接烷基化沉降器，内含有氢氟酸和异丁烷。受到压力，装置释放出了约18000kg氢氟酸和17900kg异丁烯。根据植被的破坏程度，人们在离释放源约0.75miles处发现了浓度为50ppm的氢氟酸。一般认为浓度为50ppm的氢氟酸水平可以作为阈值水平，高于此浓度，肉眼即可观察到威胁生命的体征表现。事故发生后，人们把氢氟酸尽可能多地从沉降器转移到轨道车辆上，并在释放物上喷水，氢氟酸浓度有所降低。44h后，氢氟酸才最终停止释放(参考文献5.45)。

2009年得克萨斯州柯柏斯克里斯提氢氟酸逸出事件：事故发生日，管道控制阀突然失灵关闭，管道中的流量受阻，引起管道剧烈震动，从而导致两个螺纹连接断裂。在此过程中引燃了一种可燃碳氢化合物的释放物。火灾进一步导致了更大危害，约42000lb(19050kg)氢氟酸逸出，一名工人严重烧伤。尽管现场的水缓解系统启动了，并吸收了大部分氢氟酸，但希戈石油公司(Citgo)的报告仍显示有30lb氢氟酸没有被该系统吸收。研究表明，这些系统的最高吸收率为95%，美国化学安全和危害调查委员会(CSB)指出，在90%的吸收效率下，水需用量应至少达到4000lb(1814kg)。而该公司水缓解系统内的水几乎用尽，虽然附近航道内海水，但海水也只可用于灭火。此外，美国石油学会调查发现，希戈石油公司从未对该设备进行过安全检查(参考文献5.47)。为此，美国石油学会建议对烷基化装置每三年进行一次安全检查。

烷基化是一种放热反应，一旦失控同加氢反应的严重后果与上述类似。

美国石油学会关于氢氟酸烷基化的推荐操作：API RP 751《*氢氟酸烷基化装置的安全运行*》(*Safe Operation of Hydrofluoric Acid Alkylation Units*)，第三版，2017年6月。

5.3.8 焦化

概述：焦化是指使用焦化装置，通过对重油热裂解来生产较轻的产品。焦化过程中会产生焦炭等固体残渣。焦化过程主要有延迟焦化和连续焦化两种。图5.43为延迟焦化装置的流程图。

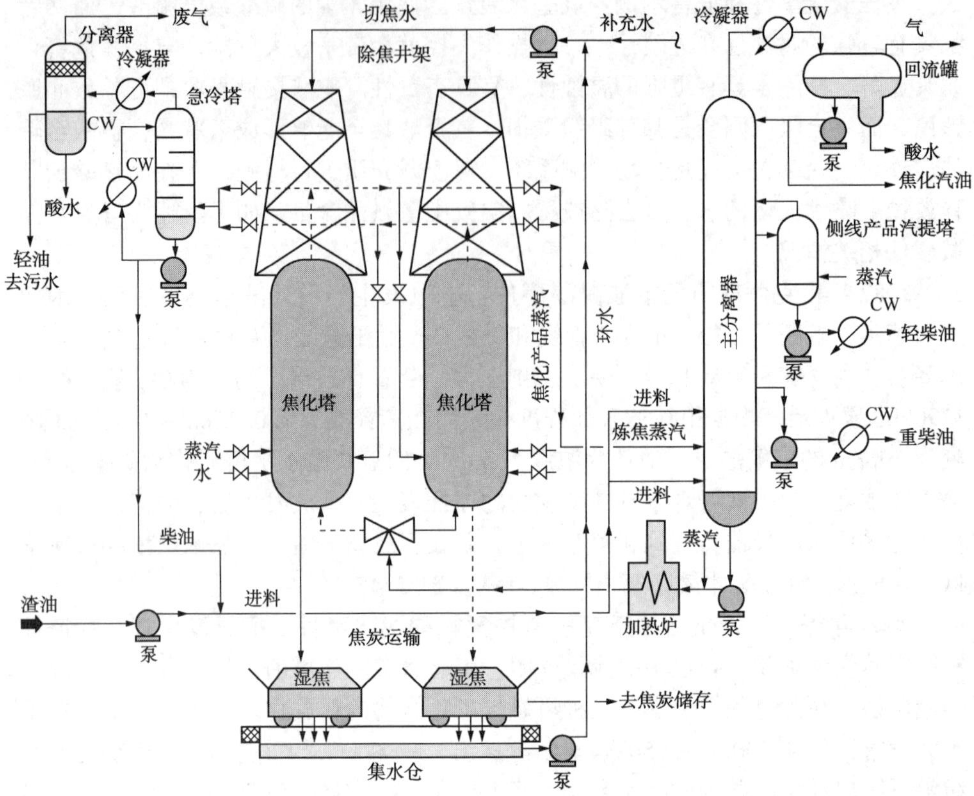

图 5.43　延迟焦化装置工艺流程图(参考文献 5.43)

焦化时，原油蒸馏装置的塔底油被加热到 450~500℃后，会被送到焦炭塔的底部。在 3~8bar(约合 40~115psig)压力下和热裂解条件下，产品会在焦炭塔中放置约 24h，以加工形成更轻的产品。较轻的成品运送到分馏塔，回收的原料送往炼油厂的其他装置进行加工。焦化时，产品一旦达到预设水平，便会切换至下一个焦炭塔，一些炼油厂可能设有多个焦炭塔。焦化后，第一个焦炭塔必须进行冷却处理，打开塔的顶部和底部，然后用高压流体清洗塔内部以除去焦炭。焦炭塔高度可达 37m，直径达 9m。

安全工程和危险处理案例：

1998 年艾奎龙·安娜科蒂斯(Equilon Anacortes)焦化厂事故：事故发生时焦化厂正在向焦炭塔内进料。然而突然来临的暴风雨使焦化厂出现了长达 1h 的电力中断。断电中，进料管线被焦炭堵塞。焦化厂工作人员试图用蒸汽来清除堵塞，随后，温度检测显示，焦炭塔已经完全冷却。于是，工作人员便放心地将焦炭塔顶部和底部封头分别移除。就在移除底部封套时，滚烫的重油冲破外壳，同时由于重油达到了自燃温度，火灾和爆炸便随即产生。该事故共导致六人死亡。后期事故分析表明，工作人员被塔外的温度传感器所误导，应当继续查看塔内温度传感器的示数。艾奎龙焦化厂随后安装了远程控制清洗系统(参考文献 5. 48)。

延迟焦化是许多严重事故发生的元凶，也是美国职业安全与健康管理局(OSHA)在安全危害信息公告(SHIB)上发布的《*延迟焦化装置(DCU)操作危害*》(*Hazards of Delayed Coker Unit(DCU) Operations*)一书的主题(参考文献 5. 49)。

四通阀未正确对齐或四通阀泄漏，都可能导致热材料流入正在清洗的塔中，导致容器受损，引发火灾和爆炸。美国职业安全与健康管理局安全危害信息报指出，开启错误的阀门必然“导致严重事故”，为控制阀门的开启提供联锁可以有效防止错误阀门开启。

一些延迟焦化装置的清洗工作需要依靠手工进行。打开焦炭塔顶盖后，蒸汽流、热水、焦炭颗粒、热焦油球和底部桶的焦炭崩落物便会出现在工作人员的作业环境中，严重威胁其生命安全。因此，一方面操作人员需要在作业前接受专门培训，提高防范意识；另一方面，在装置配备上，卷筒周围的防护罩或自动清除系统可以减轻对人体的伤害。有些装置还配备了遥控清洗装置，以减少操作人员面临的安全危害。

某些物料输入塔后，可能会发生起泡现象，导致焦炭塔压力过高，水位过高，进而堵塞焦化塔出口和安全阀，导致容器损坏。而在物料中添加消泡沫剂可以有效防止起泡现象发生。

5. 4 非常规操作

5. 4. 1 概述

非常规操作包括正常开车、紧急停车后开车、正常操作中紧急停车、延时维护和故障恢复延时。有时进行了停车操作后，系统装置可能会继续保持运行状态，直到重新开车为止。对于装置的开车和停车类似于飞机的起飞和降落。与连续或正常的操作模式相比，非常规操作中操作员对流程进行了更多干预，因此出现人为失误的几率也更高。此外，多数安全装置(如自动联锁或控制装置)，在开车和停车期间并不能发挥作用，只有配备自动系统的操作装置可以通过编程，在工艺条件达到指定设置时自动开车。

5. 4. 2 事故案例

油罐爆炸事故：2001 年，英国石油公司阿莫科工厂发生爆炸，该事故是由该公司挤压机启动故障所致。在正常启动过程中，聚合物应从反应器引导到收集罐中，直到挤压机启动并正常运行，如图 5. 44 所示。而当时挤压机发生故障，无法启动。约 12h 后，上夜班的工人被告知须打开收集罐盖子，准备清洗。然而当他们拆卸阀盖拆到一半时，罐内巨大的压力将阀盖急剧推出，三名维修工人不幸在事故中丧生(参考文献 5.50)。

图 5.44　聚合物收集罐(参考文献 5.50)

在尝试启动期间，远超正常数量两倍的聚合物和冲洗溶剂源源不断输送到收集罐中。由于收集罐中聚合物含量升高，随之进入的蒸气就无法逸出，排气系统被聚合物堵塞，从而使收集罐中压力和温度急剧升高。聚合物还堵塞了压力指示器，以至于没有人察觉到收集罐内的高压。所以，当维修人员打开收集罐时，巨大的压力便被猛烈地释放出来。

经验表明，在刚启动或从临时停用状态重新启动等状态切换期间，爆炸事件发生的频率更高。前几章中描述的一些事故就发生在非常规操作模式下。第 3 章所述 16 起事故中有 7 起列在了下列清单内，高概率爆炸事件的发生也印证了非常规操作的危险：

- 美国国家航空航天局挑战者号航天飞机爆炸(第 2.2 节)；
- 蒂瓦(Motiva)炼油厂爆炸(第 2.10 节)；
- 加氢裂化装置爆炸(第 2.16 节)；
- 得克萨斯州炼油厂爆炸(第 3.1 节)；
- ARCO Channelview 爆炸(第 3.2 节)；
- 美国国家航空航天局哥伦比亚号航天飞机失事(第 3.3 节)；
- 埃索朗福德燃气厂爆炸(第 3.5 节)；
- 尼尔港爆炸(第 3.6 节)；
- 英国米尔福德港德士古爆炸(第 3.9 节)；
- Macondo 井喷事故(第 3.16 节)；

- 蒸馏塔事故(第 5. 2. 3 节);
- 活性炭床层事故(第 5. 2. 3 节);
- 塞韦索事故(第 5. 2. 5 节);
- 燃烧设备事故(第 5. 2. 6 节，例 1 和例 3);
- 艾奎龙 · 安娜科蒂斯(Equilon Anacortes)焦化厂事故(第 5. 3. 8 节)。

5.4.3 设计注意事项

由于工程安全系统在非常规操作过程中经常处于离线状态，操作人员和技术人员的职业素养及其对过程操作的知识掌握就显得至关重要。非常规操作模式需要以书面程序形式进行呈现。同样，美国职业安全与健康管理局过程安全管理和美国环境保护署风险防控标准也阐明了书面程序的必要性。在紧急或异常情况处理部分，如工艺条件超出其规定限度时，书面程序必须对操作人员应采取的行动作出说明。

与非常规操作状态相关的风险应在危害识别与风险分析(HIRA)中加以确定。危害识别与风险评估必须包括启动和关闭、操作失灵的解决措施，以及对预期流程偏差应采取的解决方案，这些都可以纳入应急预案之中。过程危害分析(PHA)可用于预测非常规操作中的风险，并通过编写操作程序，提供相关培训，对开停车时可能包含的风险进行培训。如第 2. 15 节所述，操作人员应在启动前进行设备检查。若要对发生状态变化的设备进行管理维护，则必须先等待在异常情况结束，详情可参见美国大西洋里奇菲尔德公司和塞韦索爆炸事故。

5.5 参考文献

5. 1 Inherently Safer Chemical Processes; A Life Cycle Approach, 2nd Ed. American Institute of Chemical Engineer, New York, NY, 2009.

5. 2 Kletz, T., Process Plants: A Handbook for Inherently Safer Design, Taylor and Francis, London, 1998. 5. 1 Guidelines for Engineering Design for Process Safety(Second Edition), Center for Chemical Process Safety, New York, 2012.

5. 3 ASME Section VIII-DIV 1. ASME Boiler and Pressure Vessel Code, Section VIII, Division 1: Rules for Construction of Pressure Vessels, American Society of Mechanical Engineers, New York, NY, 2010.

5. 4 CCPS, Process Safety Beacon, The Seal that Didn't Perform, July 2002. (http://sache.org/beacon/files/2002/07/en/read/2002-07%20Beacon-s.pdf)

5. 5 CCPS, Process Safety Beacon, It's a Bird, It's a Plane, It's. A Pump, October 2002. (http://sache.org/beacon/files/2002/10/en/read/2002-10%20Beacon-s.pdf)

5. 6 Kelley, J. Howard, Understand the Fundamentals of Centrifugal Pumps, Chemical Enginee-

ring Progress, p. 22-28, Oct 2010.
5.7 Berg, J. The Case for Double Mechanical Seals, Chemical Engineering Progress, p. 42-45, June 2009.
5.8 CCPS Process Safety Beacon, Understand the Reactivity of Your Heat Transfer Fluid, February 2011. (http://sache.org/beacon/files/2011/02/en/read/2011-02-Beacon-s.pdf)
5.9 Mukherjee, R., Effectively Design Shell-and-Tube Heat Exchangers, Chemical Engineering Progress, Feb. 1998.
5.10 Haslego and Polley, Designing Plate-and Frame Heat Exchangers, Chemical Engineering Progress, p. 30-37, Sept. 2002.
5.11 Chu, Chu, Improved Heat Transfer Predictions for Air-Cooled Heat Exchangers, Chemical Engineering Progress, p. 46-48, Nov. 2005.
5.12 API STD 660. Shell-and-Tube Heat Exchangers, Eighth Edition, American Petroleum Institute, Washington, DC., 2007.
5.13 Bouck, Doug, Distillation Revamp Pitfalls to Avoid, Chemical Engineering Progress, p. 32-38, Feb. 2014.
5.14 Ender, Christophe and Laird, Dana, Minimize the Risk of Fire During Column Maintenance, Chemical Engineering Progress, p. 54-56, September 2003.
5.15 Mannan, Sam, Best Practices in Prevention and Suppression of Metal Packing Fires, Mary Kay O'Connor Process Safety Center, August 2003.
5.16 OSHA Safety Hazard Information Bulletin on Fire Hazard from Carbon Adsorption Deodorizing Systems, August 17, 1992. (https://www.osha.gov/dts/hib/hib_data/hib19970730.html)
5.17 Naujokas, A. A., Spontaneous Combustion of Carbon Beds, *Plant/Operations Progress*, p. 120-126, April 1995.
5.18 Jarvis, H. C. Butadiene Explosion at Texas City-2, *Plant Safety & Loss Prevention*, Vol. 5. 1971.
5.19 Butadiene Explosion at Texas City-1, *Plant Safety & Loss Prevention*, Vol. 5.
5.20 Keister, R. G., et al. Butadiene Explosion at Texas City-3, *Plant Safety & Loss Prevention*, Vol. 5. 1971.
5.21 Sherman, R. E., Carbon-Initiated Effluent Tank Overpressure Incident, *Process Safety Progress*, Vol. 15, No. 3, p. 148-149, Fall 1996.
5.22 Guidelines for Safe Handling of Powders and Bulks Solids, Center for Chemical Process Safety, New York, 2005.
5.23 Drogaris, G. Major Accident Reporting System: Lessons Learned from Accidents Notified, Elsevier Science Publishers, B. V, Amsterdam, 1993.
5.24 Kletz, T, What Went Wrong, Case Histories of Process Plant Disasters, 4th Ed., Elsevier, Houston, TX, 1993.
5.25 Garland, R. Wayne, Root Cause Analysis of Dust Collector Deflagration Incident, *Process*

Safety Progress, Vol. 29, No. 4, December 2010.

5.26 Patnaik, T., Solid - Liquid Separation: A Guide to Centrifuge Collection, Chemical Engineering Progress, p. 45-50, July 2012.

5.27 Lees Loss Prevention in the Process Industries, Vol. 3, Elsevier, 2012. ISBN978-0-12-397212-5.

5.28 U. S. Chemical Safety and Hazard Investigation Board, Investigation Report, Report No. 2008 - 3 - I - FL, T2 Laboratories, Inc. Runaway Reaction. Jacksonville, FL. September 2009. (http://www.csb.gov/investigations)

5.29 CCPS Process Safety Beacon, Interlocked for a Reason, June 2003. (http://sache.org/beacon/files/2003/06/en/read/2003-06%20Beacon-s.pdf)

5.30 CCPS Process Safety Beacon, Avoid Improper Fuel to Air Mixtures, Jan. 2004. (http://sache.org/beacon/files/2004/01/en/read/2004-01%20Beacon-s.pdf)

5.31 Ramzan, Naveeed, et al, Root Cause Analysis of Primary Reformer Catastrophic Failure: A Case Study, *Process Safety Progress*, Vol. 30, No. 1, p. 62-65, March 2011.

5.32 The Buncefield Incident, The final report of the Major Incident Investigation Board, Volume 1, 11 December 2008. (http://www.hse.gov.uk/comah/buncefield/miib-final-volume1.pdf)

5.33 CCPS Process Safety Beacon, The Great Boston Molasses Flood of 1919, May 2007. (http://sache.org/beacon/files/2007/05/en/read/2007-05-Beacon-s.pdf)

5.34 CCPS Process Safety Beacon, What if You Load the Wrong Material Into a Tank?, April 2012. (http://sache.org/beacon/files/2012/04/en/read/2012-04-Beacon-s.pdf)

5.35 CCPS Process Safety Beacon, Vacuum is a Powerful Force!, Feb. 2002, (http://sache.org/beacon/files/2002/02/en/read/2002-02-Beacon-s.pdf)

5.36 US EPA, Operating And Maintaining Underground Storage Tank Systems, EPA 510-B-05-002, September 2005. (http://www.epa.gov/oust/pubs/ommanual.htm)

5.37 NFPA 30, Flammable and Combustible liquid Storage Code, National Fire Prevention Association, Quincy, MA, 2015.

5.38 Britton, L. G., Avoiding static ignition hazards in chemical operations, *AIChE-CCPS Concept Book*, New York, 1999.

5.39 NFPA 77, Recommended Practice on Static Electricity, National Fire Prevention Association, Quincy, MA, 2014.

5.40 NFPA 780, Standard for the Installation of Lightning Protection Systems, National Fire Prevention Association, Quincy, MA, 2014.

5.41 Urban, P. G., Bretherick's Handbook of Reactive Chemical Hazards (7th Edition), Academic Press, New York, NYISBN: 978-0-12-372563-9, 2006.

5.42 Leffler, Willaim, W., Petroleum Refining in Nontechnical Language, 4th Edition, Penn Well, Tulsa, OK., 2008.

5.43 Olsen, Tim, An Oil Refinery Walk-Through, Chemical Engineering Progress, Vol. 110, No. 5, p. 34-40, May 2014.

5.44 U. S. Chemical Safety and Hazard Investigation Board, Investigation Report, Catastrophic Rupture of Heat Exchanger, Report No. 2010-08-I-WA, May 2014.

5.45 Woodward, John L. and Hillary Z., Analysis of Hydrogen Fluoride Release at Texas City, *Process Safety Progress*, Vol. 17, No. 3, p. 213-218, Fall 1998.

5.46 Kaiser, Geoffrey D., Accident Prevention and the Clean Air Act Amendments of 1990 with Particular Reference to Anhydrous Hydrogen Fluoride, PSP, Vol. 12, No. 3, p. 176-180, July 1993.

5.47 U. S. Chemical Safety and Hazard Investigation, Urgent Recommendations, 12/09/2009. (http://www.csb.gov/assets/1/19/Urgent_Recommendations_to_Citgo_-_Final_Board_Vote_Copy1.pdf)

5.48 U. S. Chemical Safety and Hazard Investigation, Safety Bulletin, Management of Change, No. 2001-04-SB, Aug. 2001. (http://www.csb.gov/assets/1/19/moc0828011.pdf)

5.49 Hazards of Delayed Coker Unit (DCU) Operations, OSHA SHIB 03-08-29(C), 2003. (https://www.osha.gov/dts/shib/shib082903c.html)

5.50 U. S. Chemical Safety and Hazard Investigation Board, Investigation Report, Report No. 2001-03-I-GA, Thermal Decomposition Incident., BP Amoco Polymers, Augusta, GA, June 2002. (http://www.csb.gov/investigations)

6 课程材料

6.1 引言

本章旨在阐述如何在化学工程课程中引入过程安全，为教师以及化学工程专业的学生提供指导。本章首先对安全与化学工程教育(SAChE)的过程安全模块进行了说明，并就如何将这些模块与现有课程相结合提出建议。读者可以登录安全与化学工程教育网站 www. sache. org 了解模块的内容，并通过注册姓名、设置密码获取安全与化学工程教育的相关资料。在美国，所有设有化学工程系的大学都可以访问此网站。此外，很多大学的化学工程系都有一位成员作为联络人同该网站进行联络。安全与化学工程教育课程的完整列表可参见附录 D。

安全与化学工程教育的课程按以下主题进行了分组：本质更安全设计、过程安全管理、危险源、危害识别与风险评估、系统保护、案例和其他。

6.2 本质更安全设计

本质更安全设计(ISD)和**本质更安全设计中的冲突与决策**课程是化工厂设计以及化工动力学/反应器设计课程的优质资源。同时，还可以应用到化学课程中。安全与化学工程教育系列课程讲述了本质安全设计的基本定义，以及实践本质安全的意义。课程还对第 5. 1 节中列出的过程安全策略的层次结构进行了描述，并进一步提出做好本质安全工艺设计的四种策略，每种策略都附有示例。

同样，在**绿色工程课程**部分，还提到了一种更环保的工程设计方法，并附有分析流程的软件工具。

本质更安全工艺清单是安全与化学工程教育资源的一部分。

6.3 过程安全管理和全生命周期守恒

这两个模块适用于工厂设计、物料和能量平衡课程。

过程安全管理概述描述了化工过程安全中心(CCPS)最初提出的12个过程安全管理要素。**全生命周期守恒：过程安全管理应用**概述了过程安全的应用。全生命周期守恒(COL)是化学工程设计和实践的基本原则，基于这一概念，全生命周期守恒与能量和质量守恒具有同等重要的地位。课程所述的全生命周期守恒原则包括：

- **评估物料/工艺危害**——获取或建立可燃性、毒性、反应性等方面的相关数据；
- **评价危险事件**——应用后果分析评估潜在危险事件的不良影响；
- **管理过程风险**——应用本质安全方法，设计多个保护层，评估风险并与可接受风险标准进行对照；
- **考量实际操作**——应用过程安全管理系统，从经验中总结学习；
- **确保产品的可持续性**——进行产品安全/管理实践。

全生命周期守恒课程中包含许多应用上述原则的可参考实际案例。

6.4 过程安全概览以及化学过程工业中的安全

这些课程为过程安全领域提供了概览。

过程安全概览：这部分课程以《*化学过程安全基础及应用*》(*Chemical Process Safety, Fundamentals with Applications*)(参考文献6.1)书籍为基础。该书包含31个幻灯片文稿，覆盖若干过程安全主题。材料中列出的危害包括毒性以及工业卫生，火灾和爆炸，同时还包括危害识别与风险分析(HIRA)、火灾和爆炸防护系统、应急泄放系统以及事件调查等内容。本书可被用作工厂设计、动力学/反应器设计、热力学、热传导、动量传导以及流体力学课程的支撑材料。

化学过程工业中的安全：包含13个系列视频，视频主题涵盖实验室安全、个人防护装备、工艺区域安全特征、应急泄放系统、粉尘和蒸气爆炸以及安全审查。这些不同类型的视频可以作为实验室单元操作、动力学/反应器设计以及工厂设计课程的支撑材料。

6.5 过程危害

SAChE包含多门涉及过程危害的课程。该内容被划分为三部分：化学反应危害、火灾和爆炸以及其他危害。课程具体内容包括：

- 化学反应性危害；
- 安全操作实践：甲基丙烯酸；

- 火灾专题研讨；
- 消防概念；
- 爆炸；
- 粉尘爆炸预防和控制以及其他爆炸；
- 生物安全导论；
- 化学运输基本原则及案例；
- 金属结构包装火灾；
- 物料的属性；
- 静电点火源；
- 静电——关于静电的所有知识。

6.5.1 化学反应性危害

化学反应性危害模块可以与动力学/反应器设计、热力学、热传导、工厂设计课程相结合。

"化学反应的安全进行是化工制造业的核心能力"(参考文献 6.2)。这句话摘自一份 CSB 报告，该报告调查了 167 起化学反应事件，强调了反应性危害的严重性。反应性危害在大学培训学习中并没有得到很好的推广。工艺化学成分、工艺物料的反应、热稳定性和化学稳定性、以及物料意外混合的危害，都是 OSHA PSM 条例中明确要求的物料项目。工艺化学成分的变更必须经过变更管理评审研究决定。

该网站式教学模块包含约 100 个网页，其中又包含丰富的扩充链接、图片、视频以及辅助幻灯片文稿。该模块既可用于课堂教学，也可以作为自学素材。该课程讲解失控的化学反应是如何在工业行业中导致重大危害的，并介绍了避免非预期反应以及控制预期反应的关键理念。

本模块主要包含五部分内容：

(1) 通过三起重大事故说明失控反应的潜在后果；

(2) 化学反应是如何失控的：包括反应路径、热量的产生和移除、人员/财产/环境影响；

(3) 用于识别反应性危害的数据和实验室测试资料；

(4) 设施在化学反应性危害方面的四种本质安全方法；

(5) 预防化学反应失控和减缓失控的设施设计策略。

该模块最后是一份 10 道问题的知识测验。术语和书目外部扩展内容可以直接从任何页面进入。

该模块建立在《*管理化学反应生危害的基本实践*》(*Essential Practices for Managing Chemical Reactivity Hazards*)(参考文献 6.3)的基础上。该书介绍了一种

利用公开可获取信息，审查化学品、发现潜在反应性危险的方法。该方法流程图可参见附录 E。

反应性化学问题的另一个资源是化学反应工作表(CRW)。CRW 是一套软件程序，可预测数千种化学品的混合危害。该软件可以从国家海洋和大气管理局网站免费下载(http：//response. restoration. noaa. gov/reactivityworksheet)。

甲基丙烯酸安全操作实践：本 SAChE 单元针对一种特定化学品——甲基丙烯酸，但同样适用于常见的可聚合物料。其中包含一个幻灯片文稿和一段视频，展示了甲基丙烯酸在轨道车内的失控反应后果。该课程单元可以作为热力学或传热学课程的辅助材料。

6.5.2 火灾和爆炸

下文介绍的 SAChE 单元可以用于工厂设计、热力学或过程安全课程。

火灾专题研讨：该幻灯片文稿介绍了火灾和爆炸的基础知识，包括以下主题：

- 火灾和爆炸的定义；
- 不同火灾的特点；
- 火灾和爆炸的必要条件以及基本特性。如燃烧极限(LFL 和 UFL)，最小点火能量(MIE)，火焰传播速度，燃烧速率等。

防火概念：课程包含火灾基础和防火方法两部分，其中防火方法涉及将工艺区域与储存区域分离、筑堤和蓄水、结构防火以及灭火等内容。

爆炸：这一部分通过视频展示了爆炸的后果，说明了爆炸的基础以及预防爆炸的必要实践。

物料特性：该幻灯片文稿涵盖可燃性、爆炸性、反应性和毒性特性，演示了安全数据表中可以查到什么特性。

粉尘爆炸预防和控制：该课程划分为三个部分：第一个部分描述了粉尘爆炸的条件和后果；第二部分包含粉尘爆炸视频演示，并探讨了预防粉尘爆炸的设计方法；第三部分介绍了静电在粉尘爆炸中的作用。

6.5.3 其他危害源

生物安全简介：该单元旨在对生物安全领域进行简要综述。其中对生物危害的种类进行了介绍，并探讨了生物危害的来源，通过风险分类对生物危害进行了分类，并介绍了降低生物危害风险的方法。本课程主要面向在实验室或临床环境中处理的生物危害，其中包含生物安全手册示例。本单元可以作为实验室或工厂设计课程的辅助材料。

化学品运输基础与案例：该单元是对化学材料运输的概述，包括化学品运输相关法律法规，不同运输方式的危害，其中引用多个事故案例。该单元可用于在工程设计或过程安全课程。

金属结构填料火灾： 金属结构填料火灾是填料塔仅有的危害(详见第 5.3.1 节)。该单元可以作为传质课程的辅助材料。

静电： 超过 10%的火灾和爆炸是由静电引起的。SAChE 课程——静电点火源以及静电关于静电的所有知识，以及上文提到的过程安全概述单元包含静电是如何产生的、如何放电以及如何预防静电的内容。这些幻灯片文稿可以作为工厂设计实验室单元操作课程的辅助材料。

6.6 危害识别与风险分析

涉及危害识别与风险分析(HIRA)的 SAChE 课程包括：

- 过程危害分析——简介；
- 过程危害分析——工艺过程和案例；
- 道化学火灾和爆炸指数(F&EI)和化学爆炸指数(CEI)软件；
- 保护层分析；
- 风险评估；
- 设计项目安全指南；
- 概率风险评估(PRA)——实验室单元操作应用；
- 后果建模源模型 I ——液体 & 气体；
- 了解意外泄漏的大气扩散。

危害分析和风险评估的前几门课程是对工厂设计课程提供的辅助材料。PRA 课程适用于实验室单元操作的课程。最后两门课程可以作为物质和能量平衡、流体流量/动量转换以及热力学课程的辅助材料。

过程危害分析(PHA)——简介、工艺过程和案例： 简介包括 PHA 的定义、一些基本危害，以及可以用做练习的知识。第二部分详细介绍了危害分析方法的种类，如危害和可操作性研究(HAZOP)、失效模式及影响分析(FMEA)以及相关案例。

道化学火灾和爆炸指数 F&EI 和 CEI 软件： 陶氏化学 F&EI 是一种半定量分析方法，用于对工艺设备及其物料的火灾、爆炸和反应可能性进行评估。CEI 提供了对潜在化学释放事件对临近工厂人员或社区居民的潜在相对急性健康危害的可能性进行分级的方法。

保护层分析(LOPA)： LOPA 是用于分析和评估风险的半定量分析工具。该技术用简化的方法描述后果并预估不良后果的发生率。LOPA 通常比定性风险评估严格，但是与详细的定量风险评估(QRA)相比又相对简单。该单元提供了一个蒸馏塔的实例。

风险评估：这是一门网络版自学课程，旨在针对化工厂和炼油厂提供适用的风险评估、风险管理和风险降低方面的知识，其中包括对方法的介绍，示例以及练习，完成该课程学习须用时 3h 左右。

设计项目的安全指导：本单元讲解了在设计项目中如何实施危害评估，风险和风险降低策略。该单元列出了设计项目步骤，以及相应步骤对应的 SAChE 课程。

概率风险评估(PRA)：实验室单元操作应用：本课程帮助实验室老师在实验室单元操作中应用 PRA。该方法基于工业风险分析方法，提供了空白的 PRA 检查表，可让学生在实验室工作开始之前，记录与项目相关的潜在危险事件。

后果建模源模型：利用源模型估算事故发生时物料的泄漏速度和泄漏量。该课程介绍了风险评估过程中泄漏建模的源模型。源模型涵盖热力学，动量平衡/流体流动以及物料和能量平衡示例问题。

理解意外泄漏的大气扩散：这是一本约 50 页的简短概念介绍书籍，书中介绍了扩散模型。该模型用于计算泄漏(源模型)发生后，气体、蒸气和气溶胶顺风向传播的浓度。

6.7 紧急泄放系统

紧急泄放系统(ERS)的设计涉及动量平衡/流体流动以及热力学，是动力学/反应器设计以及工厂设计的一部分。SAChE 有以下相应内容：

- 低强度约束的泄放；
- 可压缩和两相流(包括含压力泄放系统选型的应用)；
- 超压和欠压保护设计；
- 单相流和两相流的应急泄放系统设计；
- 失控反应：实验特性和泄放口尺寸；
- 安全阀：安全阀选型的实用设计实践；
- 简化泄放系统设计包；
- 如何在大学访问 SuperChems 和 ioXpress。

低强度约束的泄放：课程介绍如何对低强度约束进行泄放(如建筑物)，以保护其免受内部爆炸的破坏，并显示了未泄放的爆炸后果。

可压缩和两相流(包括含压力泄放系统选型的应用)：该内容提供了三个 Excel 程序进行流体流动计算，涵盖管道和孔口中流体流动的质量、动量和能量平衡。该资料可以用于流体力学、传热学以及高级设计等多门课程。

简化紧急泄放系统设计包和如何在大学访问 SuperChems 和 ioXpress 提供了获

取应急泄放尺寸计算免费软件的链接。

其他课程包括应急泄放场景、泄放设施和 ERS 选型，部分内容还提供了 Excel 软件示例。

6.8 实例

下文列出了 14 个可以从 SAChE 获取的实例，其中部分事件已在第 2 章和第 3 章中进行了描述。本节会对这些事件进行简要描述，并给出可以支撑的课程。

- 实例：聚苯乙烯间歇式反应器失控 & 微型案例：孟山都公司；
- 硝基苯胺反应器破裂；
- T2 失控反应和爆炸；
- 微型案例：莫顿公司；
- 油箱故障研讨；
- 博帕尔灾难：案例历史 & 微型案例：博帕尔；
- 羟胺爆炸案例研究；
- 英国北海阿尔法事故经验教训学习；
- 塞维索意外泄漏实例；
- 微型案例：Flixborough；
- 微型案例：Hickson；
- 微型案例：Phillips；
- 微型案例：Sonat；
- 微型案例：Tosco。

微型案例模块包含八个实例。在其中博帕尔和聚苯乙烯泄漏两个案例中，还有单独针对该事故的事件案例记录模块，推荐使用这些较新的模块。

6.8.1 失控反应

前四个案例为失控反应，每个案例均可作为动力学/反应器设计、热力学、热传递或过程控制课程的辅助资料。四个案例均采用间歇式反应器，且所有反应物都在批次开始时投入，从而可以作为半间歇或连续工艺过程中可能应用 ISD 原理的良好示例。

间歇式聚苯乙烯反应器失控：在该工艺过程中，将所有苯乙烯加入反应器，批次温度加热到 95℃，保持 2~8h。反应器配备一个温度控制器控制运行。由于温度控制器故障导致批次过热。苯乙烯蒸气通过一个故障的视镜排放到生产厂房内并点燃，引发的爆炸摧毁了厂房，掀翻一辆轨道车，并导致 11 名员工死亡。

硝基苯胺反应器破裂：生成硝基苯胺($O_2NC_6H_4NH_2$)反应的加料错误导致反应速率过高，反应产生的热无法快速移除，反应器物料由于温度升高而增多，进一步加快了反应速率。含硝基(—NO_2)的物料在过热时发生剧烈分解。在几分钟内，温度就上升到足够引起硝基苯胺分解的程度，最终导致反应器破裂，事故造成四人受伤，一人重伤，工艺厂房损坏，并且造成了3km以外的建筑物玻璃损坏。

T2实验室失控反应：见第5.2.5节。反应器的紧急泄放系统不能完全释放失控反应产生的压力。

莫顿公司反应器失控：在反应器中加入邻硝基氯苯和2-乙基已胺制备一种染料，手动加热反应液直至反应开始，然后进行冷却。出现问题的这批反应物被加热过快，导致反应失控。调查结果显示，其冷却系统不足以控制该反应。ERS太小，不能安全泄放反应压力，升高的压力将人孔从容器上顶掉，反应液泄漏到厂房内，造成火灾和爆炸。

6.8.2 其他案例

储罐故障专题研讨：该单元可以作为工厂设计和传热学课程的辅助材料。课件涵盖3个储罐案例：BLEVEs(见第3.14节墨西哥城LPG爆炸、第5.4节储存—设计注意事项)、液化天然气(LNG)储罐故障以及柴油储罐故障。

博帕尔灾难：第3.15节对事故进行了详细描述。该事故可以作为工厂设计课程的辅助材料，同时还能有效说明ISD的益处。在工厂设计中，可以将异氰酸甲酯的储存量尽量降低或使用比MIC危害更小的化学物质进行替代。幻灯片文稿中展示了一种替代的工艺路线，生产与MIC不同的、且更安全的中间产品。

羟胺爆炸案例研究：第3.4节对该事故进行了描述，并提供了工厂设计课程中展示的案例研究幻灯片文稿。

英国北海阿尔法事故经验教训：第3.7节介绍了该起事故，该事故可以作为工厂设计课程的辅助材料。

塞维索意外泄漏案例：第2.1节对该事故进行了简要描述。在塞维索失控反应中，操作人员将该批次冷却到158℃，远低于分解初始温度230℃。然而，批次反应物上方的反应器壁由于接触到过热蒸汽，温度接近300℃。传热计算表明，被加热后的金属具有足够的能量，可以将液体表面温度提高到分解初始温度之上。后果建模可以显示泄漏的范围，引导更好的ERS设计。该案例研究可以作为物料和能量平衡、热传导、热力学、动力学/反应器设计、工厂设计课程的辅助材料。

微型案例——Flixborough爆炸：第3.11节描述了该起事故，并可作为工厂设计课程的辅助材料。作为经验教训，告诫人们在设计管道系统时，特别是那些在高温和高压下运行的管道系统，要聘请专业人员进行设计。

微型案例——Hickson：一个真空蒸馏装置发生了爆炸，该装置从母液中回收异丙醇(IPA)。事故发生在停电时，冷却和搅拌停止，导致母液中的硝基化合物发生失控分解反应，存料塔釜中的压力升高，最终破裂。爆炸造成一人重伤、设备损坏、工艺厂房毁坏。该案例可以作为动力学/反应器课程(了解母液中的潜在反应和 ERS 规格)、热传导和热力学课程(计算温度升高到起始温度以上所需时长)的辅助材料。

微型案例——Phillips：1989 年，位于得克萨斯州帕萨迪纳市的菲利普斯 66 公司发生爆炸和火灾。事故导致 23 名员工死亡，130 多名员工受伤。财产损失超过五亿美元。事故发生时，工人们正在手动清理高密度乙烯反应器上的沉降管。他们采用一个单向切断阀隔离沉降管与反应器，由于连接到阀门上的气源错误导致阀门误开启，反应器内物料倾泻而出，并引燃发生爆炸。如果能更合理地设计系统，如采用双截断排放阀，可能会避免事故的发生。该事故可以作为反应器课程或工厂设计课程的辅助材料。

微型案例——Sonat：一个石油分离设施内容器过压并破裂，引起火灾并导致四人死亡。在手动阀的调节中，其允许压力超出容器可承受等级导致超压。该设计从未被审查过。该案例可以作为工厂设计或过程安全课程的辅助材料。

微型案例——Tosco 公司：位于加州马丁内斯的 Tosco 公司 Avon 炼油厂的原油装置发生火灾。事故发生时，工人们正试图更换连接到 150ft 高的分馏塔上的管道，更换时该工艺单元正在运行中。在拆除管道过程中，截断阀发生泄漏，导致石油脑流出到热分馏塔上并被点燃。大火吞没了位于塔楼上不同高度的 5 名工人。事故导致其中四人死亡，一人重伤。该项工作没有进行安全审查。该案例可以作为工厂设计或过程安全课程的辅助材料。

6.9 其他单元

提高沟通技巧：该单元为大三和大四的化学工程课程提供补充，这些课程中要求对实验或其他作业进行书面或口头报告。该单元还特别适用于实验室单元操作课程。

随堂问题：《化学过程中的安全、健康和损失预防——本科工程学习题集》(第一卷)于 1990 年由 CCPS 出版、《化学过程中的安全、健康和损失预防》(第二卷)于 2002 年由 CCPS 出版并分发给 SAChE 大学成员。这些习题旨在用于现有的工程课程中，如化学计量学、热力学、流体力学、动力学、传热学、过程动态特性与控制、计算机解法和传质学等。将这些习题纳入本科必修课程中，有助于培养工程专业学生的安全文化和心态，从而使其在整个职业生涯中受益。这两本书籍现在都已绝版。该单元提供了相关习题和答案。

冒险竞赛：该 SAChE 产品包含化工过程安全的重要基本概念。在两个课堂冒险竞赛中，对这些概念的理解进行了评估和巩固。竞赛中建议将学生分成 4~5 人的小组。主题包括工艺过程说明、过程安全管理、工艺过程控制、可燃性、腐蚀性、泄放装置基础以及应急泄放系统设计协会(DIERS)。

6.10 小结

SAChE 教学单元为在化学工程课程中融入过程安全提供了资源，内容涵盖本质安全、过程危害、危害识别与风险分析、应急泄放系统以及 14 个不同的历史案例。

6.11 参考文献

6.1 Crowl，D. A.，Louvar J. F.，Chemical Process Safety，Fundamentals with Applications，3rd Edition，Prentice Hall，Upper Saddle River，NJ：2011.

6.2 U. S. Chemical Safety and Hazard Investigation Board，Investigation Report，Improving Reactive Hazard Management，Report No. 2001-01-H，October，2002.（http://www.csb.gov/improving-reactive-hazard-management）

6.3 Essential Practices for Managing Chemical Reactivity Hazard，American Institue of Chemical Engineer，New York，NY，2003.

7 工作场所的过程安全

7.1 概述

本章重点介绍工程师在入职第一年内的过程安全相关职责。

7.1.1 专业培训

很多大公司都有专业培训矩阵，不仅针对新员工，也面向组织内不同级别及岗位的员工。这些培训矩阵使公司可以在员工晋升或更换工作之前，识别其能力不足并制定计划缩小其能力差距。表 7.1 是一个针对新员工的简化过程安全培训清单，一个完整的培训矩阵可能会包括很多信息(如先修课程)，还包括线上和线下培训课程。中小型公司可能不会有专业培训矩阵，但是每个公司都有自己的方式判定新员工需要进行何种培训。

表 7.1 简化的过程安全培训课程矩阵示例

课程内容	培训对象	培训时机
了解和管理可燃环境	所有参与设计、维护和运行的工程师和化学工程师	入职前两年
PHA 方法和 PHA 团队领导培训	建议参与设计、操作和安全审查、包括参与变更管理和 PHA 的技术人员接受该培训；PHA 团队领导也需要接受该培训	入职前两年以及按照 PHA 团队领导的要求
MOC 安全审查团队领导培训	建议 MOC 核心团队成员接受该培训，未参加 PHA 团队领导培训课程的也需要接受该培训	入职前两年
后果评估	建议参与化学品和能量释放建模的人员接受该培训	在使用后果建模工作之前
压力泄放装置(PRD)应用	工程师需要接受该培训，建议参与 PRD 设计、应用、规格确定和选型的设计师也接受该培训	参与 PRD 设计、应用、规格确定和选型之前
SCAI 和安全仪表系统的设计与应用	电气工程师、控制工程师和工艺工程师需要接受该培训；建议参与停车系统的设计、审查和说明编制的设计人员也接受该培训	在参与停车系统的审查、设计或运行之前；或建议在入职前两年
事件调查	建议事件调查员和参与者接受该培训	在组织或参与事件调查之前

入职后的工程师会发现，培训矩阵中有不属于他们工程课程的资料。这些内容包括企业独有的职业安全和健康、环境保护、产品安全和管理、责任关怀管理系统以及过程安全系统。这些培训可能是线下课堂培训、电脑辅助培训(CBT)，也可能通过电话会议或视频会议完成。

职业(人身)安全：新入职的员工应接受内部入职培训，这种培训将重点关注职业安全或人身安全。如第1.3节所述，职业安全的重点是防止员工在工作场所受到物理和机械危害造成的事故伤害，如跌倒、割伤、重复性动作损伤等。例如，工厂各个部位所需的个人防护装置(PPE)培训(例如如何使用防毒面具等)、受限空间进入许可培训、动火作业许可体系培训、人体工程学培训以及工作中的事件和未遂事件判定培训。职业安全是化工设施安全方案的重要部分。2012年，美国有4628名工人在工作过程中丧生。这个数字警醒人们要始终保持危机感。从另一方面来看，大型化工厂和炼油厂要比每天待在家里安全得多。关注安全操作和过去的悲剧事件使化工行业的每一个人都重视过程安全实践。

很多组织都会定期召开安全会议和安全研讨会，涵盖职业安全和过程安全。新入职工程师应该利用一切机会参与这些活动，在一些组织中会强制要求工程师定期参加安全会议。

很多安全方案的另一个主要内容是区域人员需要定期巡视或进行安全检查。组织可能会给出巡视期间的检查清单，包括：

- 通道是否畅通？
- 照明是否充足？
- 输送软管是否被磨损？
- 出口是否畅通？是否被阻塞？
- 标签是否清晰？是否被磨损？

一些组织目前已经列出了安全关键项目，并对这些项目的检查或维护记录进行审查。不要害怕提出问题或指出构成不安全条件的事件，这是工作的一部分。

在每个行业环境中，雇主都会要求工程师理解并遵守所有安全规则。即使是新入行的工程师，也会被期望在职业安全的各方面发挥榜样作用，报告或纠正所观察到的所有不安全状况或行为。要做好报告所有事件的准备，包括未遂事件，以及伤害或潜在伤害。虽然本书主要内容是面向工程师的过程安全，但是重视和关注职业安全以及预防伤害他人怎样被强调都不为过。

过程安全：如果组织内设有单独的过程安全部门，那么该部门很可能会在工程师入职第一年为其提供所需工具和培训。没有设置单独的过程安全部门的公司可以通过安全小组为新入职工程师提供培训课程，也可通过与一家或多家提供过程安全培训的公司签订合同，进行培训外委。他们的培训可能会涵盖表7.1和第

6 章中涉及的多个主题。如果企业提供培训，新工程师应充分利用这种内部课程。有些培训内容是在学校不会学习到的，包括：设施安全管理体系的总体构架、何时及如何执行 PHA、变更管理和启动前安全审查、危险物质释放的后果评估、应急泄放装置选型、如何做保护层分析、如何做事件调查、如何将生命周期与企业的项目执行方案相结合以及组织内对过程安全未遂事件和事故的定义。每位雇主针对以上各项内容都会制定不同的原则，工程师应掌握相应领域的履职能力。

如果设施受美国环保署的风险管理计划或安全法规的管控，则需要制定一份现场过程安全方案的汇总文件，它被美国环境保护署称为风险管理计划(RMP)。工厂需要提供一份企业过程安全职责的人员名单，以及所有 RMP 文件及其位置的清单。新入职的工程师应熟悉这些文件。

如果组织已经按照第 2 章所述，与变更管理(MOC)流程相结合，制定了组织变更管理(MOOC)原则，则需要针对该流程开展详细的专题培训。新入职工程师应熟悉 MOOC 流程且理解程度应达到创建 MOOC 文件的负责人的预期。

7.1.2 与操作人员和技术人员对接

操作人员是工艺过程的接口。有一种说法是，对任何一家工厂而言，实际上都存在三个工厂——一个是工程师和管理者认知的工厂、一个是操作人员认知的工厂以及真实的工厂。操作人员了解真实的工厂工艺过程并每天在其中工作。新入职的工程师需要将第一个工厂概念向第三个工厂概念看齐。操作人员不仅了解工厂如何运作，还知道什么情况下会发生故障。工程师有时对工艺、程序、设备布局的认知是错误的。

维修人员、电工和其他技术人员也是如此，这些人员的工作对象是工艺设备和仪表。设备完好性要素依赖于他们来维持。他们为可靠性工程师或工艺工程师提供支持，提供什么设备可能适合或不适用于特定类型功能的信息。

下面一则 PHA 工程师与操作人员在 PHA 过程中的经验事例说明了操作人员的价值。

> 对现有工艺过程首次开展 HAZOP 分析。HAZOP 小组非常庞大，包括工厂工程师、高级工艺设计工程师、工厂维护和可靠性工程师以及一名维修技师。工程师们对几种偏差的潜在后果和保障措施进行了充分讨论，并且探讨了偏差的影响。操作人员最后说："我不懂你们的逻辑，但是我知道当这些事件发生时，出口排气阀会完全打开，我们会收到警报。"HAZOP 团队在会间休息时来到控制室，操作人员刻意引发了偏离，结果出口排气阀完全打开，警报响起。最终发现，处理系统的排气管道是一个夹点，很多偏差的影响都会在这里首先得到体现。

这则事例至少说明了两件事情：第一，操作人员、维护人员以及其他技术人员可能比工程师更了解工艺偏差的因果关系；第二，应尊重所有工厂工作人员的意见，他们掌握的信息非常重要，应避免自认无所不知的态度，要积极倾听。如果操作人员和其他技术人员能得到足够的尊重，他们将更愿意在PHA中向工程师们分享工厂的实际运行情况。

当设计和改动达到工厂级别时，如果MOC、PSSR、资本和费用项目需要更新到操作程序或过程安全信息中，则必须对涉及的操作人员进行培训。

7.2 新技能

7.2.1 非技术技能

新入职工程师必须学习的内容包括：撰写简明的项目状态概述和报告、记录过程安全信息、领导项目团队、促成会议、提供培训、参与(可能是记录甚至是主持)PHA(如MOC审核或HAZOP分析、事件调查等)、以及行动项管理等等。这些工作的完成需要协作技巧、公开演讲技巧以及人际关系技巧，如良好的倾听、自信以及尊重他人意见。

危害识别与风险分析研究必须确定可能造成影响的场景，如环境性释放、人员伤亡以及财产损失。工程师们需要学习使用这些与事实相对应的术语。

例如，在拥挤区域发生的大规模可燃物料泄漏一旦被点燃，可能会引起爆炸(这在第3章的许多案例中得到了证明)。工程师不可以将此记录为"这将炸毁整个装置，并且杀死所有人!"而应该说"一旦被点燃，可能会导致设备和工艺装置的损坏，一人或多人丧生，视居住率而定。"这种表达方式更专业、更客观。如果能采用更加定量的陈述方法则更好，比如"2pisg超压区范围延伸至200ft"比"一次非常大的爆炸"更适合。

行动项管理基本上是每一位新人工程师都需要掌握的领域。行动项管理是一项关键的过程安全管理技能。第2章中介绍的很多过程安全要素都会生成改进行动或行动项。例如，PHA将会产生降低风险的建议。MOC和PSSR将会产生降低风险行动项或识别行动项，这些行动项是安全启动流程变更的必要项目。事件调查的目的是发现并消除导致过程安全事件的原因。事件调查生成的行动项是为了预防未来的过程安全事件。审核和管理评审通常会产生需要改正的行动清单，以预防过程安全事件的发生。

行动项管理对于很多工程师来说是一项"繁忙的工作"，但新入职工程师必须理解并处理多项工作的动态优先级。安排的每个行动项或建议项都应具有以下特征：

- 专人/团队负责完成行动项；
- 给定具体完成日期；
- 详细记录行动项或建议项的完成过程，内容包括：假设、工程计算(如果有)、偏差和异常关闭的审批、完成日期延长的审批、建议项完成的详细描述和证明、MOC 或 PSI(包括 SOP 和培训)完成的闭环以及闭环最终审批。

依据经验，没有记录就代表没有做。虽然每个公司都有不同的体系来实现其项目解决方案，但上文列出的要素通常会包含在所有的体系中。很多公司都建立了项目解决方案数据库，工程师需要充分熟悉这份数据库。

7.2.2 技术技能

新入职工程师对过程安全相关技术技能的需求程度取决于组织的规模和水平，大学里不一定涉及这些内容。在大型企业中，这些领域可能由专题专家(SMEs)处理，或者为工厂或工艺工程师提供一些基本工具，专题专家给出建议，必要的时候可能使用更复杂的工具。新员工特有的机会就是向专题专家提出明显“愚蠢”的问题，有时这些问题需要真正的洞察力。挑战更高级别员工的错误假设时要怀着尊重的心态去做这件事。在较小的组织中，工厂和工艺工程师可能需要自己进行这些计算，或者与专门从事这些计算的承包商合作。

举例来说，这些工具包括：保护层分析(LOPA)、后果建模(见第 6.6 节)、应急泄放系统(ERS)设计(见第 6.7 节)。专门从事这些领域工作的公司有许多关于这些技术的课程。大型企业可能会有内部课程。CCPS 出版的很多指南书也涵盖这些主题。

7.3 安全文化

第 2.2 节阐述了过程安全文化要素，是公司内或更广泛的组织中不同层级内，影响过程安全的共同价值观、行为和规范。这一定义可以引申到广义的安全文化，即职业安全和过程安全。良好过程安全文化有以下特征：

- 保持危机感；
- 严格遵守程序；
- 向个体授权，使其可以顺利履行其安全职责；
- 尊重专家的意见；
- 保障开放和有效的沟通；
- 建立一个提问/学习的环境；
- 促进相互信任；
- 及时响应过程安全问题和其他关注的问题。

保持危机感： 在第7.1.1节中讨论了学习和重视工厂危害。新员工通常会自然地重视工厂内的危害。想要保持这份重视需要付出一定要努力。“亲不敬，熟生蔑”这一说法是有现实基础的。

安全文化其他特征的益处在第7.1.2节中进行了描述。向个体授权、开放的沟通、尊重专家的意见、建立相互信任以及学习的环境都在操作人员愿意提供其观点以及工程师愿意听取操作人员的观点中得到了展现。

新入职工程师可以通过提问或探究公司背景、了解公司的安全和过程安全文化。例如，如果某公司是CCPS会员单位，则该公司已经向其过程安全计划作出承诺；如果该公司不是CCPS会员单位，询问其过程安全计划是什么，可以充分地了解该公司，如果答案是“我们按照法律法规执行”，则说明该公司几乎没有在过程安全文化方面有任何主动性作为。

7.4 操作守则

操作守则是一个术语，指产生绩效的可重复性和结果的一致性，以及在规定的操作范围内工作所必需的人为因素和工具。这些技能和工具可帮助生产单位减少事故，消除凭猜测工作和人为失误。

操作守则分为三个部分：操作纪律、工程准则以及管理准则。被指派与生产单位配合的新入职工程师将接触到所有领域。在这种情况下，纪律或准则是指为实现人与设备交互产生的可重复性和一致性的活动。CCPS书籍《*操作守则和操作纪律*》(*Conduct of Operations and Operational Discipline*)(参考文献7.1)中对这一主题进行了更详细的介绍。

7.4.1 操作纪律

操作纪律是指操作人员用来产生一致结果的工具和活动。尽管操作纪律主要是面向操作人员，但是装置工程师也必须熟悉这些活动的内容和目的，以便为每项活动提供反馈和改进机会。

***轮班说明或操作说明*：** 轮班说明通常由操作专家或一线主管发出，每天一次，以书面形式呈现，可能是检查清单/表格、手写记录，也可能是计算机生成的说明。该说明旨在指导轮班时可能发生的活动。新入职工程师的职责通常包括工厂组织的测试和试用。这些测试和试用的开展是以下内容的组合：MOC、临时操作说明、操作人员培训以及作为临时操作说明的轮班记录。

此外，新入职工程师需要每天阅读轮班说明，进一步熟悉使生产装置在规定和审批的限制或范围内运行所需的多项任务。

让没有经验的工程师撰写轮班说明是一个不太好的做法，因为他们缺乏工作经验。为培养年轻工程师，一些公司会在监督的前提下让新入职工程师撰写轮班说明。

轮班说明的良好实践包括：

- 格式标准化；
- 具体的操作条件和生产目标；
- 关键性能指标目标和运行参数目标；
- 任何操作限制；
- 关于开车或停车等非常规操作的特殊说明；
- 任何特殊工艺安全、安全、环境或可靠性的考量；
- 所有操作人员和其他装置人员(如工程师和工艺专家等)对说明进行审查，并对审查和理解进行正面反馈，同时参与此项工作的人员应该回顾审查所有遗漏的轮班说明；
- 轮班说明可以用于沟通任何项目：MOC 说明、特殊操作说明、装置测试、设备或安全系统的特殊旁路的说明，以及其他在运行装置中会发生的值得关注的事件。

一个好的做法是，所有对操作说明提供支撑小组成员，都指定操作指令人员进行发送(即仅指定一人或一个岗位提供操作说明)，这也包括新入职的工程师。

轮班日志或班次记录： 一个好的做法是，让每位操作人员都做记录或填写日志并签字。该日志包含在轮班期间发生的所有重大事件，采取的行动和观察的结果。与轮班说明一样，工程师应该审查每个操作人员的轮班记录。

操作人员应参与轮班日志的记录要求培训，并对记录进行定期评估，通过轮班督察的肯定核实和绩效审核评估其完成情况。轮班日志需要记录的重大事件示例如下：

- 任何过程安全问题或危险条件的最新状态和采取的行动；
- 计划外的设备停车、联锁动作、SIS 或 PRD 触发、重大报警；
- 任何环境问题或所关注问题的最新状态和采取的行动；
- 非标准操作模式的详细信息；
- 正在进行的维护工作的状态以及任何非常规的承包商活动(开放的工作许可)；
- 所有需要追踪的问题或可能需要进行调查的非常规操作事件(例如，可靠性问题)；
- 产品质量问题；
- 所有与公司业务或投诉相关的、与外部组织(邻居、监管机构等)进行的联系(直接接触或电话沟通)；
- 所有联锁旁通或联锁失效事件、所有超出安全操作界限的情况；

- 任何安保问题；
- 轮班时 MOC/PSSR 的完成或开始；
- 装置特定运行参数或 KPI；
- 重要的运输或生产信息。

其他良好实践包括：

- 使用覆盖上述内容的模板是很好的实践，可以确保每次轮班都覆盖所有内容；
- 每个操作人员审查所有轮班记录的未审查部分，并进行肯定确认；
- 装置主管/工程师审查所有轮班记录，进行肯定确认，并采取措施处理记录中的问题。

好的轮班记录会详细说明在轮班期间遇到的问题以及纠正措施所采取的步骤。装置工程师通常会被要求解决装置出现的问题。如果记录完整，轮班记录可能会提供有价值的线索，帮助工程师找出解决方案。类似的，当工程师发现操作人员的评论和笔记有细微变化时，轮班记录为主动解决问题提供了平台。

操作人员评估表单的改变通常伴随着 MOC 请求，MOC 请求由装置生产工程师发起并完成。

工程师除了要监管操作人员的轮班记录外，通常还需要记录自己的轮班内容。研究工程师肯定会进行实验室记录和中试工厂观察记录，装置生产工程师最常见的做法是通过轮班记录，详细记录停电、检修、试车或试运行期间的工程活动。

轮班交接：交接班与交接笔记密切相关，因为交接笔记的内容可以作为讨论的模板。一个好的做法是确保交接班的充分和延续，推动装置安全高效地持续运行：

- 即将接手工作的操作人员佩戴齐全，做好工作准备后进行轮班交接；
- 轮班交接的位置应该在工作场所处找一个免受环境影响以及装置噪音不会过大的区域；
- 轮班交接时间要充足，以便将向下一班人员提供详尽的交接报告；
- 运行班次记录的内容要素要作为交接报告的大纲；
- 工艺负责人员要对操作班次日志中的所有要点进行讨论；
- 重视过程安全和工厂 EHS 和安全问题；
- 交接班时的关键操作和维护活动（包括非常规承包商活动）的状态能够被识别，如设备启动、批次加料、化学品输送到储罐、轨道车或卡车等；
- 对 MOC 进行沟通；
- 更新旁路日志，更新任何临时旁路或停用的安全装置以及采取的补救措施。

在生产装置中，沟通对于确保运行的连续性至关重要。通过对交接班的不定期监管，工程师可以再次获得了解化工厂实际运行情况的独有机会。

加班、周末和假期工作：虽然加班不是操作纪律中明确规定的内容，但对于操作人员和装置生产工程师来说，加班绝对是一个现实状况。进入该行业的工程师应该了解，他们可能会被要求轮班、12h 轮班、值夜班或者其他除正常 40h/周白天工作时间之外的工作安排。

很多化工厂和炼油厂全年都不间断生产，有时需要对整个工艺过程进行维护，此时就需要认真制定停车、维修和改进以及开车计划，以最大化保障安全、降低风险和减少总体成本。这些活动要求工程师有时必须遵循非标准时间工作安排。非标准工作时间安排同时会带来疲劳管理。工程师们会被要求跟踪操作人员的加班时可能存在的错误，以避免违反操作装置中的疲劳规定或指导原则。

事故、事件和未遂事件通知：操作人员应有向轮班主管报告重大事件的职责，并就此与其进行沟通。年轻工程师通常承担着判定什么是重大事件、什么是异常事件的责任，并根据公司要求对操作人员进行事件报告培训。工程师们还需要监管每个计划过程中的通知，应对操作人员进行重大事件和异常事件判定方法以及沟通预期的培训。轮班日志/记录可以确定需要报告的内容，有些监管规章要求报告事故和未遂事件。

工艺读数和评估：操作人员收集并评估这些信息，以判断是否满足预先确定的标准，操作纪律和工程准则中的工艺参数读数与评估部分密切相关。工程师应确定操作人员需要评估什么以及如何评估，操作人员或工程师要思考工艺参数读数背后的意义，而不仅仅是机械地记录。如果不满足标准，操作人员必须做出决策并采取措施，使工艺流程回归预定数值。例如，如果一个泵必须维持一定的输送压力，保持在安全运行限值之内，该范围由工程师确定并标注在评估表上。一旦超过该范围，操作人员需记录超出数值，并在评估表单上记录采取了什么措施使其回到正常数值。然后工程师(或装置主管)通过对评估表单进行轮班/日常审核，确保涉及的问题得到彻底解决，进行闭环管理。

最常见的操作错误行为之一是使用无效的工艺评估表单，使操作人员只须简单“记录读数”，而不对设备进行评估。当这种情况出现时，不会对操作人员记录的数据采取行动。在表单上标注高、低数值将有助于提醒操作人员。在数值较高时，SPC 监控通常会在偏差“超出范围”引起问题之前发现偏差。

好的操作人员评估实践既包括外操人员评估，又包括内操人员评估。由于 DCS 可以打印和保存数据，人们通常认为操作人员无须再收集或记录其信息。然而，记录信息的目的并不在于为他人收集信息，而是让操作人员评估该变量或参数，并在数值超出期望值时采取预定措施。

下文是一些关于如何创建有效评估表单的要点，以及评估内容的示例。工程师需熟悉待评估的设备，确保发生异常评估时，启动预设措施。

创建评估表单：评估表单需要由工程师和技术人员共同制定，还需要定期对其有效性进行审查。在创建评估表单时，需要考虑如下因素：

• 绘制并记录操作人员行走路线；

• 操作人员在表单上所作的每个标记都应属于评估内容部分——要么不采取措施，要么对超出软件或硬件评估标准部分采取相应措施；

• 返回工作岗位时，操作人员要审核其工作内容中未审核部分的所有评估表单，并给出肯定确认；

• 装置主管和工程师需要每天审核操作人员评估表格，确保当参数超出标准范围、设备需要维护或其他操作人员记录的超过评估范围的事项得到处理；

• 要确定每个参数的操作范围并形成文件，记录其技术基础、偏离后果以及预定的纠正步骤。操作范围和预期值应呈现在评估表单上。

特定设备评估的考虑要点：

安全设备

• **应急喷淋和洗眼设备**——冲洗掉系统中的铁锈，并洗去洗眼器上的灰尘。检查流量是否足够、温度是否合适、防尘盖是否及时更换；

• 粘贴维护日志标签，使所有人都可以知道最近一次测试时间；

• 消防设备——确保灭火器摆放到位且在有效期内、消防炮运行正常且无泄漏、雨淋系统已连通且无泄漏，并评估泡沫系统的状态；

• 空呼系统——连接状况良好；

• 消防广播——备用电池可用且电量充足；

• LEL 表——已校准且电量充足。

旋转设备(泵、电机、风扇、送风机、压缩机)

• 听异常声音；

• 观察异常振动；

• 查看是否存在空蚀空化现象；

• 确认联轴器防护装置安装到位；

• 通过视镜评估润滑油液位；

• 确保密封冲洗流量充足；

• 检查填料/密封泄漏；

• 注意异常气味(有些泄漏可能不可见)；

• 检查轴承是否存在油/油脂泄漏；

• 检查皮带和链条的状态，确保防护装置安装到位；

- 检查旋转部件是否产生烟雾。

注意：可以通过在评估表单上进行勾选确认以证明评估已完成。

电气和仪表箱/电机控制室

- 设备应保持清洁和干燥；
- 所有面板盖都已安装到位、关闭和密封；
- 评估烟雾、气味和异常响声；
- 查看照明是否充足；
- 所在区域不得堆放垃圾、废物。

燃烧设备

- 查看燃烧箱外的其他泄漏或火焰；
- 评估火焰面常态。

火炬运行

- 检查密封鼓和分液罐液位；
- 评估到火炬的流量；
- 评估火炬产生的火焰/烟气；
- 确保火炬处理量在规定范围内。

危险废物存储评估

- 检查是否存在泄漏；
- 检查堤坝内衬状况；
- 检查闸阀是否已关闭；
- 确认标签到位且准确；
- 其他特殊装置需要考虑的事项。

冷却塔

- 观察冷却塔是否存在过度偏移；
- 评估冷却塔百叶窗或填料是否存在破损；
- 查看流场是否均匀；
- 评估集水池液位；
- 确保滤网清洁；
- 评估藻类和淤泥堆积系统；
- 观察加药系统是否存在泄漏；
- 检查风扇振动情况。

储罐/容器

- 巡检时观察储罐是否有泄漏；
- 检查堤坝内液体的积聚情况；

- 检查浮顶储罐顶部的水是否被排出；
- 确认人孔和进料出料口已关闭；
- 观察安全阀，特别检查是否存在隔离安全阀的截止阀被误关的情况、是否有着色或其他证据表明安全阀已弹出、或者两者中间是否有爆破片可以确认爆破片和安全阀之间的压力表无压力读数，要注意，鸟类特别喜欢在安全阀出口筑巢；
- 检查储罐衬垫、排气压力以及连通情况。

换热器

- 检查顶盖、管道或配件是否存在泄漏；
- 注意异常噪声或振动以及噪音或振动过大情况；
- 查看正常温差和压差的变化；
- 按计划或需求进行交换器反向冲洗。

工艺过滤器和滤网

- 检查是否存在泄漏和压降过大情况；
- 确认旁路已关闭，离线过滤器准备就绪。

分离器和 KO 罐

- 监测液位；
- 检查是否存在泄漏；
- 确保液位观察窗口清洁、可读。

膨胀节

- 进行全面的外观检查，确保固定电缆到位；
- 检查固定螺栓；
- 评估无异常增大或膨胀，无泄漏。

在工厂巡检时需要考虑的其他评估类型：

- 工艺泄漏；
- 插头、防护罩或盲板丢失；
- 可见水汽或明显的气味；
- 渗漏或滴出；
- 油迹或油池；
- 蒸气泄漏；
- 噪声(例如，氮气或空气泄漏、泵的气蚀、振动、爆震音以及噪音水平的变化)；
- 油位、压力、温度、流量；
- 装置压力计和温度计；
- 装置流量；
- 化学排污装置；

- 冷却水；
- 控制阀；
- 安全阀；
- 吸入和排出堵塞；
- 报警仪表；
- 结霜、熔焊；
- 铅封(阀门停用密封)正常；
- 防护装置正常；
- 消防喷淋；
- 气体探测器；
- 紧急切断装置；
- 装置路障；
- 装置标识(如入口/出口)；
- 自由出入区域；
- 可接近的安全设备；
- 车辆入口、车辆到设备的通道；
- 现场标记——地点和日期；
- 物理评估；
- 油漆和设备脱色；
- 日常维护；
- 采样点/自动采样；
- 过滤器检查(如压差)；
- 防火堤阀门位置；
- LOTO、设备断电或停用；
- 高位槽；
- 定期的泵轮转、反冲洗等；
- 消防水带状态；
- 区域照明。

*安全评估和工艺安全评估：*操作人员评估收集的这些信息，以判断是否达到预定标准。这些信息被记录在评估表单上。良好的评估实践是建立单独的职业安全和工艺安全表格，对职业安全和工艺安全分别进行评估。

职业安全评估包括对出入口、安全标志、照明、梯子、软管的检查，以及对装置安全设备的评估。工艺安全评估包括需要特别关注的关键安全设备或安全变量的评估，如确保 SIS 现场旁路固定在安全位置。同时还应考虑检漏槽仪表、泄压装置的状态以及关键设备的位置。此外，还须对重要的工艺安全报警进行评估。

阐明需要执行的安全和工艺安全评估是展示工程纪律与操作纪律是如何密切相关的另一个例子。工程师基于适当的过程安全信息开展具体审查，以确定应该评估(检查)什么，操作员则负责完成检查，而管理纪律则要求对评估表进行定期检查，以确保所记录的所有问题都得到解决。

样品采集： 工艺采样计划应形成文件，并列入标准操作程序内，这一过程由工程师确定。一个好的实践是为采样制定工艺流程图，并优化该过程。采样点须明确位置，改变采样点须执行 MOC。此外，还须确定每个采样点的 PPE 和其他安全预防措施。工艺采样计划应包括：

- 采样点或采样数据流；
- 采样频率；
- 采样频率和样品分析的技术依据；
- 样品分析的目标范围；
- 超出范围需采取的措施，包括在适当情况下重新采样。

报警失效和管理： 新入职工程师可能会被授权审批报警失效问题。良好的实践是建立针对报警失效的书面程序，并确定合理的授权层级。书面程序应包括：

- 一种确保操作人员知道其所在区域报警失效的方法；
- 建立替代工艺指标并告知操作人员；
- 尽快恢复失效报警的要求，对于安全报警，报警停用时用来进行风险管理的补偿措施应设有相应指示。

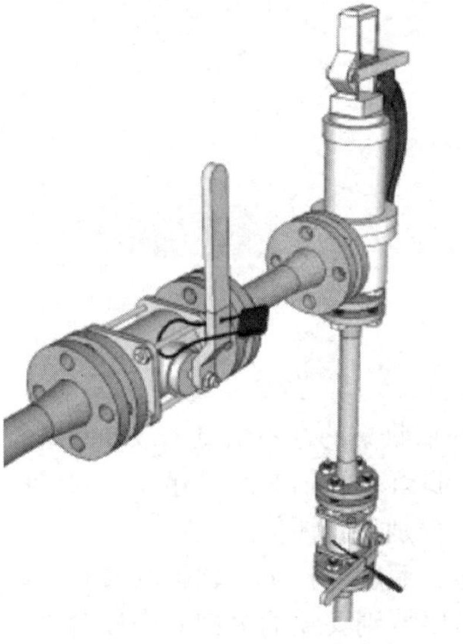

图 7.1　阀杆上的铅封(在必要紧急情况下该密封可以被破坏，改变阀门状态)

关键定位装置：工程师有时会被要求制定、维护并监管关键位置设备列表。关键定位装置，如铅封(铅封是物理锁定阀门位置的装置，见图 7.1)，对过程安全系统的效果起重要作用。P&ID 应指示重要铅封的打开或关闭状态(CSO 或 CSC)。铅封本身并不一定能防止关键定位装置被移动到不安全的位置，是密封所代表的含义以及对这些密封的管理使得装置维持在适当的位置。

关键定位装置的良好实践包括：

- 建立关键定制装置书面管理程序；
- 对书面程序进行定期培训；
- 经常性评估检查这些设备是否处于正确位置；
- 对这些评估检查进行绩效审核，

以验证评估的有效性；

- 移除或改变关键定位装置纳入变更管理程序，包括适当层级的变更管理评审；
- 包括关键位置设备评估的 PSSR 步骤。

应急责任制： 过程安全操作纪律中一个值得注意的方面是应急责任体系。工程师经常要参与应急演练和应急责任制的制定并参加演练。应急演练的一个重要方面是检验责任制系统的效果，工程师可以设计该系统并与其进行互动。

一个好的操作纪律实践是定期全面测试现场应急责任制度，并对发现的漏洞进行修订。

操作人员巡线： 操作人员最基本的职责是了解并掌握起责任区域内所有阀门的位置，以控制所有物料传输点位之间的能量。这一工作职责通常被称为"***巡线***"。尽管工程师通常不操作设备或"***巡线***"，但他们应该清楚了解操作人员的工作，并在设备设计、制定操作程序和对操作人员培训时考虑到这一点。

应明确操作人员的责任，需要在每个班次开始时评估所有阀门的位置，并对其进行这方面的培训。由于外操人员负责的大多数阀门位置在稳定运行期间可能不会进行转换，因此这是一项很简单的工作任务。

过程安全事件发生概率较高的状态是非稳定运行状态或瞬态状态。当物料从一个位置输送到另一个位置时，操作人员必须了解并控制能量的传输。例如：打开或关闭阀门、开启泵或压缩机、将设备投入运行或停止运行、旁路设备等。

应对操作人员进行"巡线"培训，要求操作人员在上文所列的任何一条和所有操作变更之前完成"巡线"。请浏览 CCPS 网站"巡线"在线视频。(http://www.aiche.org/ccps/resources/overview/ccps-videos/videos english/walk-line)

设备标签： 为设备和管道设置合适标签的目的是尽可能减少工厂运行和维护活动中的困惑。工程师有时会被要求开发和维护设备标签的工作以满足设备标签的需求，以及与设备标签相关的法律法规要求。良好的实践包括：

- 主要设备项应贴标签，包括：储罐、压力容器、泵、压缩机、制造设备、控制阀门和仪表；
- 备用设备应张贴标签并进行区分，进而最大限度地降低混淆的可能；
- 安全仪表系统组件；
- 所有管道，包括地下出入口；
- 公共消防水站；
- 双隔断阀双排气阀及其预定位置；
- 根据工厂需要设置的其他标签。

过程安全员： 操作守则的一个良好实践是设置过程安全员(PSO)。过程安全

员的作用是在开车、停车以及其他重要运行模式期间，为这些活动提供客观独立的安全视角，预防过程安全事件的发生。应该为每个装置制定书面的过程安全员指南，规定过程安全员的资质、作用和职责，并编制过程安全员参考手册。

装置运行负责人应该：

- 识别需要过程安全员参与的关键开车、停车和其他操作模式并编制文件；
- 记录过程安全员资质；
- 安排过程安全员时间；
- 持续改进过程安全员的效能。

过程安全员职责包括：

- 在关键开车、停车和其他操作模式期间，过程安全员应在场；
- 没有其他干扰过程安全员职责的工作任务；
- 有权停止任何不安全的活动。

过程安全员资质包括：

- 深入了解工艺过程危害；
- 具备装置运行操作知识；
- 了解所有适用的标准操作程序。

过程安全员参考手册应包括：

- 来自 PHA 的过程安全事件报告；
- 作用和职责；
- 来自 PHA 的装置危害；
- 过程安全员培训材料。

在设置过程安全员的企业内，经验丰富的工程师可能会被要求履行过程安全员的角色和或相似角色。

7.4.2 工程纪律

操作守则中的第二个大领域被称为工程纪律。操作纪律针对的是操作活动，以实现结果的可重复性，工程纪律则关注的是工程师如何监管操作装置中操作人员的活动和技术信息，以实现操作的一致性和结果的重复性。

关键绩效指标：工程师需要确认关键绩效指标(KPI)，用于追踪过程安全、环境、可靠性以及经济性的优化情况，并制定明确的审查方案和需采取的行动。审查方案文件应包括：

- 操作范围；
- 操作范围的技术依据；
- 修正步骤；
- 监管责任人(备选人)；

• 监管频率。

KPI 需要每天审核，并对超出范围的 KPI 采取应对措施。

安全操作极限：安全操作极限，也称为安全操作界限，是上述关键绩效指标的子集。安全操作极限是根据过程安全信息设置的温度、压力、液位、流量或浓度等参数，一旦工艺运行超出该范围，可能会造成不好或不期望的后果。要编制文件明确这些极限值，这些数值将作为过程安全信息，在 PHA、MOC、PSSR、SOP 和操作人员认证/再认证等活动中被应用或作为参考。工程师须监控 PSI 的这些重要部分，保证其准确性，并确保其在过程安全管理系统中得到应用。

问责制：工程师和装置主管确保操作守则管理体系实施到位，按预期运行的关键检查切入点。工程师和装置主管应进行问责检查，以预防偏移并对发现的问题采取措施。好的工程纪律实践包括：

管理实践

• 现场管理要定期对操作守则的各种操作要素进行绩效审核；

• 操作守则是过程安全管理评审的一个要素，要对其进行绩效审核，并采取措施改正发现的问题。

装置主管/装置工程师

• 每天审核轮班说明，审核其准确性，并确保轮班过程是按照轮班说明执行的，审核完成后进行肯定确认(在轮班说明上签字)；

• 每天审核操作人员轮班记录，审核其完成性和准确性，对发现的问题采取措施，审核完成后进行肯定确认(在审核的轮班记录上签字)；

• 每天审核操作人员评估表格；采取措施处理记录中的失效设备、需要维修的设备和超出运行范围的设备；

• 查看没有说明的超出范围的读数，了解其原因，并在必要时进行修正；

• 查看那些本该有差异但每次评估都相同的读数，了解其原因，并在必要时进行修正。

7.4.3 管理纪律

操作守则中最后一个大领域也可能是其中最重要的一个要素是管理纪律。第 3 章中研究的案例显示，在每一个过程安全事件的背后，几乎总是存在几个管理系统的原因。在操作守则中，管理纪律在减少人为错误方面发挥着关键作用。

管理纪律被定义为为确保获得可重复的结果而采取的管理措施。建立过程安全文化要从领导力着手，领导力要从建立体系、明确列出员工为实现结果需要做出的行为着手，一些好的管理系统实践强调操作守则的遵从性。这个列表并不包括所有内容，而是用以说明需要采用管理纪律来实现结果一致性的一些领域。工程师通常会被安排支持这些管理纪律活动的任务和职责，而且实际上富有经验的工程师可能需要主持管理纪律相关内容。

日常操作审查： 许多企业每天都要与员工进行生产回顾，确认当前的生产问题和计划。每日例会的重要性体现在对所有事故进行反思，确保事故分类准确、调查充分，并分配充分资源用于预防事故。

工程人员和现场负责人应审查每一份过程安全事件报告，目的是确定事件分类正确并及时完成调查。日常审查为现场负责人提供了一个很好的工具，从而可以就工作要点与部门领导直接沟通，并评估闭环效力。好的做法包括：

- 管理者鼓励员工及时报告所有事件和未遂事件；
- 现场负责人和员工每天(周一到周五)审查所有事件，确保分类正确；
- 建立一种未遂事件分类，称为高潜在事件，这些事件需要引起特别关注，因为在其他情况下可能会导致非常严重的后果；
- 调查所有事件。审查团队应确定调查小组的严谨性、方法学以及团队成员；制定调查小组章程，包括交付结果和时间节点；对公开调查进行跟踪；对行动项的有效闭环进行跟踪；
- 日常审查中要有识别重复事件的系统；
- 所有员工都要对所有事件进行反思，提高对未遂事件和事故的认识；
- 管理层支持相关提议并提供资源以降低事故或未遂事件再次发生的可能性；

现场程序和管理系统： 一份良好的公司规程文件应该明确告知现场的工作内容。一份良好的现场规程文件应该提供同样明确的指导，说明满足公司规程的具体执行人员和工作内容。工程师经常被要求编制或更新现场规程，因此工程师应对现场程序和管理体系非常熟悉，并考虑以下内容：

- 考虑制定单独的现场规程，将过程安全职责和责任安排给特定人员，确保将该计划作为组织变更程序的现场管理部分进行更新；
- 现场规程中要认真研究并明确规定每个文件和过程安全管理系统的任务和职责，对职责的规定要足够细致，能够明确每个岗位的职责；
- 每年审查现场程序的职责部分；
- 每年组织现场规程文件培训，确保所有岗位职责清晰；
- 定期与下属进行沟通，确保他们理解现场规程中他们所发挥的作用。

内务管理： 内务管理不善是安全程序无效的一个警示信号。提供一个有序、干净的工作场所可以提高绩效，改进精神面貌，减少伤害和过程安全事件。要向所有内务人员提出明确的内务管理要求，每天或定期检查执行情况，这会带来绩效的提升。工程师通常会参与内务管理的检查，有时还会被要求主持内务改进工作。

行政管理实践

- 制定书面的内务管理规程，明确特定职责和目标；
- 定期监管并评估内务计划的效力；
- 立即改正问题。

办公室内务管理

- 所有办公室都不得堆放垃圾杂物；
- 购买好的办公家具，并提供足够的储物空间；
- 不要将纸张和书籍堆放在桌子和书架上；
- 不允许在办公室、卫生间或操作装置内乱涂乱画，一旦发现问题立即纠正。

装置内务管理

- 指定具体职责，每位员工都应轮班或每日参与某种类型的内务活动；
- 装置主管必须评估每位员工在每个班次中的内务工作，发现问题进行改正。

作业安全许可： 工程师有时会被要求签署许可或审核许可过程，因此工程师要熟悉行业中存在的不同类型的许可，如：安全作业、动火作业、挖掘作业、高空作业、受限空间作业等等，这些工作通常关系到人的生命安全。新入职工程师要熟悉有关作业安全许可的详细程序，并知道只有指定人员才能签发许可，只有指定人员才能接收许可。作业安全许可通常会使用多部分构成的表格，并分别放在控制室、作业执行场所以及保存记录的区域。许可表格将明确规定一系列必须遵守的安全措施，如易燃或有毒气体测试，重复这些测试的频率，特殊个人防护装备的需求，工作现场是否有灭火器等。此外，目前常见的做法是要求整个团队在开始工作前进行作业安全分析。所有参与活动的人员都必须清楚、明确地理解每项要求，并始终遵守所有要求，否则可能会导致死亡。部分作业许可证的签发过程是在每个班次结束后评估作业现场，无论工作是否已交接还是未完成。操作人员必须确保维护人员或承包商离开工作现场时，能够保持工作场地在规定的清洁程度内。

疲劳管理： 全球多起重大过程安全事件的起因都与疲劳管理有关。事实上，疲惫和过度劳累的员工会犯更多的错误，这在重大项目工作期间尤为明显，例如运行关键阶段的开停工和长时间工作后的启动。但是，目前很多企业仍然没有正式的疲劳管理程序。《炼油和石化行业人员疲劳风险管理体系》(API RP 755)是制定疲劳程序的很好的参考，请参考文献 7.3。其他可参考的良好实践包括：

- 按现场、装置、班次和人员衡量加班时间；
- 设定加班目标并设法达到这些目标；

• 编制书面的现场疲劳管理政策；

• 制定政策，限制连续工作班次的总数并强制执行班次之间的最短休息时间；

• 制定单独的特殊项目和开、停工策略；

• 在获得适当层级的正式管理授权的前提下允许政策的偏离。

限制对控制台操作人员的探访权限或尽量减少干扰。在一个工艺流程中，一位控制台操作人员在实际中要监控数千个控制点，每个控制点都有不同的属性。控制台操作人员要随时掌握其模式、设定限值、工艺参数和报警状态。非必要的干扰会分散控制台操作人员的注意力，影响生产装置的安全运行。

实施以下最佳实践可以在很大限度上减少控制台操作人员的人为失误：

• 清除控制室中所有与工作无关的物品，包括但不限于收音机、书籍、报纸、iPod、iPad，限制个人电话和信息设备的使用；

• 只有必须进入控制室的人员才能接触控制室操作人员，如装置工程师、班长、工艺专家，以及在某些情况下还包括外操人员；

• 控制室不应作为外操人员、承包商、以及工厂其他员工开会或休息的地方；

• 如果没有职责要求，控制台操作人员不应成为发布维修许可和承包商许可的核心；

• 避免在有控制台操作人员工作的控制室内开会。

沟通：过程安全愿景、目标、现场指标、行动计划应该经常清晰地传达给现场员工，以便每个人都能了解过程安全方面的表现，以及现场的发展方向。管理人员需监管此类沟通效果，实现绩效目标。工程师通常需要参与或主导不同类型的沟通。包括：

留言板

• 指定职责，负责定期监管现场所有公告板，包括控制室、办公楼、会议室等。确保每一个公告板都发挥作用，展示专业信息且定期更新；

• 要特别关注控制室，清除所有非专业的壁挂材料、便利贴、纸张以及其他可能分散注意力的材料；

• 在关键位置设立过程安全交流公告板，包括控制室和会议室，展示：过程安全愿景、目标、指标/图表/趋势、任何行动计划和目前的状态以及其他特定的过程安全讯息。

其他书面沟通

• 在非正式的安全会议上张贴或传播 CCPS 过程安全警示灯，引导大家重视过程安全；

● 考虑使用现场业务通信和周期性电子邮件，关注现场指标和目标。

口头沟通

● 考虑在非正式的安全会议上设置过程安全主题；

● 在周期性安全会议中设置单独的过程安全分会场并设定具体主题，包括指标和目标审核。

操作连续性：操作连续性旨在通过操作建立设备所有权的意识，尽可能减少作业、维护和基本建设工程之间的干扰，确保装置主管与操作人员间的有效沟通。包括：

● 尽可能保障主管和轮班工人休息时间的适当重叠；

● 如有可能，不要将轮班周期内的工人调离工作。操作人员通常会在不同的装置之间交替，包括外操人员、取样人员、控制台操作人员等。在这些职责之间的转换不应发生在同一个换班周期内。例如，可以在白班做控制台工作，第二个夜班做外操工作，以实现操作的连续性。

责任制：管理纪律的一部分是确保有一份面向一线主管、操作人员和技师的明确的期望清单，并面向员工培训这些期望目标，让他们对正确的执行负责，这是管理的具体定义。关于如何检验绩效结果，请参见上文章节中工程纪律部分。

7.4.4 新入职工程师的其他操作守则

观察并注意细节：新入职工程师需培养这一技能，且这个过程没有捷径。第7.1.1节讲述的安全巡视，以及诸如审查操作人员日志、检查并更新管道和仪表图(P&ID)等工作任务是培养“观察并注意细节”技能的良好机会。

学习的态度：毕业文凭不是教育的终点。在第4.7章节中列出了新入职工程师可以持续学习过程安全的资源。如果公司有研讨会，新入职工程师也可以通过研讨会寻求机会学习更多知识和技能，并将这些资源分享给不了解的人。尽量参加当地分部的AIChE会议，并努力做到每年至少参加一次所在工程领域的全国性会议。AIChE全球过程安全大会每年春季召开，汇集了全球许多行业在过程安全领域的大量最佳实践。

倾听操作人员的讲解是培养学习态度的一种方式，详见第7.1.2节。熟悉过程安全信息，近期事故报告以及RMP、安全案例等文件(如果有的话)是建立学习态度的另一种方式。

识别危害：危害识别在第7.1.1节中进行了探讨，并了解未遂事件和事故的概念(第4.6节)。要定期回顾第3章所描述的事故中所吸取的经验教训。新入职工程师要寻找方法，将这些事故教训应用于他们的工厂中。需要再提示一次，安全巡检是另外一种现场学习识别危害的方式。

自我检查和同行检查：与观察并注意细节一样，这是一项必须培养的技能。进行工程计算或做工程计算记录的过程是培养这些技能的良好机会。

行为标准：工程师必须遵守入职培训阶段的规定，并为操作人员树立榜样。工程师总会被一些人视为领导。例如，一名工程师没有完整穿戴要求的PPE，则会树立一个坏榜样，使得在工厂内推行PPE准则更加艰难(希望的结果是，当工程师违背规则和程序时，操作人员会提醒)。同样的，采取捷径(如允许操作人员违反程序要求)也会为未来的行动树立不良示范。

7.5 小结

第一年是一个新入职工程师大量汲取知识的时期。如第7.1节所讨论的，初始的学习可以通过正式培训以及向操作人员请教实际的工艺流程。大型公司为新入职工程师和所有层级的员工制定培训矩阵。目前可用的学习资源可参见第4.7节。

新入职工程师还必须培养很多非技术技能，如清晰简明的书写、演讲、时间管理、行动项管理。一些组织会为这些技能提供内部培训或引入外部培训。在规模较小的公司里，工程师可能需要自己寻求类似主题的培训。

安全文化是组织中共同的一套价值观和信念。新入职工程师可以通过观察组织内人员的态度来了解该组织的安全文化，观察他们是严格遵守规则和程序还是走捷径？是了解并尊重工艺过程危害，还是似乎对其一无所知？在工作中沟通良好还是彼此不交流？新入职工程师应学习本章列出的优秀安全文化/操作守则实践。

操作守则包括操作纪律、工程纪律和管理纪律。其中操作纪律详细介绍了要素，以使新入职工程师在开始工作时有一种预期的感觉。

享受你所选择的职业。请牢记AIChE道德准则的第一条："在履行工作职责的过程中，应将公众安全、健康、福利以及环境保护放在首位。"

7.6 参考文献

7.1 Conduct of Operations and Operational Discipline, Center for Chemical Process Safety, American Institute of Chemical Engineers, New York, New York, 2011.

7.2 Process Safety Leading and Lagging Metrics, Center for Chemical Process Safety, American Institute of Chemical Engineers, New York, New York, Revised 2011. (http://www.aiche.org/sites/default/files/docs/pages/metrics%20english%20updated.pdf)

7.3 API RP 754, Process Safety Performance Indicators for the Refining & Petrochemical Industries, American Petroleum Institute, 1_{st} Ed., Washington, DC, 2010.

7.4 API RP 755, Fatigue Risk Management Systems for Personnel in the Refining and Petrochemical Industries, American Petroleum Institute, 1_{st} Ed., Washington, DC., 2010.

附录A　RAGAGEP效果样例表

表 A.1 是一个虚构的化学品制造商 XYZ 化学品的部分公认和普遍接受的良好工程实践清单，只是作为一个例子提供，而不是一个完整的清单，这些都是外部标准。一个组织开发的内部最佳实践也可以使用，只要不低于现有的外部标准。

表 A.1　XYZ 化学品的 RAGAGEP 清单

主　题	标　准
常压储罐	API 620：大型焊接低压储罐设计与建造
	特定化学品标准
氯气	国际氯业协会 5 号手册：大容量液氯储存； 国际氯业协会 6 号手册：干氯管道系统； 国际氯业协会 9 号手册：氯气蒸发系统
过氧化氢	NFPA 430：液体和固体氧化剂的储存标准
压缩气体	压缩气体协会 P-22：压缩气体及其储罐的处置
燃烧设备	NFPA 85：锅炉和燃烧系统危害标准； NFPA 86：烘箱和熔炉标准； FM 6-0：通用工业加工设备； FM 6-9：工业烘箱和干燥器； FM 6-10：加热炉； FM 7-99：导热油加热器； API 521：泄压和减压系统； API 537：通用炼油和石化设施的火炬细则
易燃液体	NEPA 30：易燃和可燃液体标准； NFPA 77：防静电推荐作法
换热器	TEMA：管式换热器制造商协会标准； API 510：压力容器检验标准：在役检验、评级、维修和改造
仪表和控制	ISA-18.2：流程工业的报警系统管理； ISA-84.91.01：流程工业中安全控制报警和联锁装置的识别和机械完好性； ISA-84.00：功能安全：流程工业的安全仪表系统； ISA-101：过程自动化系统的人机界面(草案)

续表

主　题	标　准
厂房	API 752：与工艺厂房永久建筑位置有关的危害管理； API 753：与工艺厂房移动建筑位置有关的危害管理
压力容器	ASME VIII：压力容器； API 510：压力容器检验标准：在役检验、评级、维修和改造
固体处理设备	NFPA 654：可燃颗粒固体的制造、加工和处理过程中的火灾和粉尘爆炸预防标准； NFPA 68：爆燃泄放防爆标准； NFPA 69：防爆系统标准； FM 7-76：可燃性粉尘危害的预防和减缓

公认和普遍接受的良好工程实践是OSHA最初使用的术语，源于在设计、操作和维护化工设施时选择和应用适当的工程、操作和维护知识，以确保安全和防止过程安全事件。

RAGAGEP涉及根据对适当的内部和外部标准、适用的守则、技术报告、指导或建议的做法或类似的文件进行评估和分析，根据工程知识和行业经验开展的工程、操作或维护活动。RAGAGEP可以从单一或多个来源派生，并将根据不同的设施过程、材料、服务和其他工程考虑而有所不同。

附录 B　CSB 视频清单

美国化学品安全和危害调查委员会(CSB)制作了许多事故视频。表 B.1 列出了一系列 CSB 报告及其相关视频。在本书出版时，这些视频可以在 www.csb.gov/videos/上看到。报告也可通过 www.csb.gov/investigations 在线搜索。每个视频都可以从其调查报告网站上访问。

表 B.1 中的事故按主题进行分类，包括：设备完好性及可靠性、可燃性粉尘、实验室危害、反应性化学品和安全作业许可。一些事故可能属于多个主题，并归类在“其他”下。一些 CSB 视频和事故无关，如安全通报，这些视频不在这里列出。

表 B.1　CSB 视频列表

调查报告	事故时间	视频
设备完好性及可靠性		
NDK 水晶公司，装置外爆炸导致人员伤亡	2009	从裂缝中坠落
银鹰炼油厂闪火、爆炸和灾难性管道爆炸	2009	银鹰炼油厂爆炸监控录像
特索罗炼油厂灾难性爆炸和火灾	2010	特索罗炼油厂爆炸事故动画
杜邦公司有毒化学品泄漏	2010	致命暴露：发生在杜邦的悲剧 (2020 年 1 月 23 日光气事故动画)
雪佛龙炼油厂火灾	2012	雪佛兰里士满炼油厂火灾动画 (8 月 6 日发生在加州雪佛龙里士满炼油厂的监控录像)
自由工业公司化学品泄漏	2014	自由工业公司储罐拆除
可燃性粉尘		
帝国糖业公司粉尘爆炸和火灾	2008	地狱：帝国糖业的粉尘爆炸
AL Solutions 公司粉尘爆炸	2010	易燃粉尘：延迟的解决方案； 可燃性粉尘：一种潜在的危害
海格纳士公司致命闪火	2011	铁粉着火； 粉尘测试

续表

调查报告	事故时间	视频
得州理工大学化学实验室爆炸	2010	危险的实验
在教学示范中预防易燃化学品事故的关键教训	2014	彩虹之后
反应性化学品		
防止硫氢化钠的危害		防止硫氢化钠的危害
改善反应性危害管理； BP-AMOCO 公司热分解事故； Synthron 公司化学爆炸	2000 2001 2006	反应性危害
台塑氯乙烯爆炸	2004	台塑（伊利诺伊州）爆炸
CAI/Arnel 化工厂爆炸	2006	Danvers 爆炸冲击波
T2 实验室活性化学物质反应失控	2007	T2 实验室反应失控爆炸
拜尔作物科学的杀虫剂废料罐爆炸	2008	山谷里的火灾 （本质更安全：降低风险的未来之路）
West Fertilizer 公司爆炸和火灾（在本书出版时事件调查正在进行）（硝酸铵）	2013	CSB 视频——记录得克萨斯州 West Fertilizer 公司爆炸的代价
安全作业许可		
氮气窒息的危害； 氮气窒息危害的最终报告； 氮气窒息危害的安全公告； 瓦莱罗炼油厂窒息事故	2005 2003 2003 2005	氮气的窒息危害
帕特里奇罗利油田爆炸和火灾	2006	油田死亡
E. I. 杜邦德内穆尔公司致命动火作业爆炸	2010	动火作业：潜在的危害
Packaging Corporation 公司储罐爆炸； 帕特里奇罗利油田爆炸和火灾； Bethune Point 污水厂爆炸； Motiva 公司硫酸罐爆炸； 7 条防止工人在罐内和罐周围动火作业致死的关键经验	2006	动火作业的危险
塞尔能源水力发电厂地下管道火灾	2007	无法逃脱：受限空间的危险
Bethune Point 废水处理厂爆炸	2006	公用设施的人员安全
台塑丙烯爆炸	2005	台塑股份有限公司（得克萨斯州）火灾
普莱克斯易燃气体气瓶火灾	2005	丙烯气瓶的危险
乙炔服务公司气体爆炸	2005	易燃气体积聚的危险

续表

调查报告	事故时间	视频
其他		
DPC 公司氯气泄漏	2002	应急准备：CSB 事件调查的结果
Sterigenics 公司环氧乙烷爆炸	2004	Sterigenics 公司环氧乙烷爆炸
BP 美国炼油厂爆炸	2005	灾难的剖析
EQ 危废处理厂爆炸和火灾	2006	紧急的顶点
瓦莱罗炼油厂丙烷火灾	2007	冰引起的火灾
巴顿溶剂爆炸和火灾	2007	堪萨斯州的静电火花爆炸
小杂货店的丙烷爆炸	2007	悲剧前的半小时
CITGO 炼油厂氢氟酸泄漏和火灾	2009	2009 年 7 月 19 日的监控：CITGO 科珀斯克里斯蒂炼油厂的火灾和爆炸
康尼格拉天然气爆炸和氨泄漏； 克莱恩能源公司天然气爆炸	2009 2010	致命行为
Macondo 井喷	2010	Deepwater 公司井喷事故动画
Donaldson 公司致命烟花拆卸爆炸和火灾	2011	致命契约
Millard 公司的低温氨泄漏事故	2015	对系统的冲击

附录 C　反应性化学品检查表

本检查表改编自 CCPS 安全警报。本质更安全化学反应过程设计和操作检查表，2004 年 3 月 1 日。版权所有：2004 年。

C.1　化学反应危害识别

(1) 了解将要发生的及其他潜在化学反应的反应热。

有许多测量或估算反应热的技术，包括各类量热计、工厂已经在运行的工艺过程的热量和能量平衡、与类似化学过程(由熟悉该化学反应的专家证实)进行类比、文献资源、供应商联系人和热力学估算技术。应该识别反应混合物中所有可能出现的化学反应，发生在反应混合物中的潜在反应，并知晓这些反应的反应热。

(2) 计算反应混合物的最大绝热温度。

使用测量或估算的反应热，假设热量没有去除，并且 100% 的反应物都发生了反应。把这个温度和反应混合物的沸点比较一下。如果最大绝热反应温度超过反应混合物沸点，反应就能在密闭容器中产生压力，必须评估防止不受控反应的保障措施，并考虑紧急泄压系统的需要。

(3) 确定反应混合物各组分在最大绝热反应温度下的稳定性。

可以通过文献搜索、供应商联系或实验来实现。注意，这并不能保证反应混合物的稳定性，因为没有考虑到组分之间的任何反应，或者各组分组合造成的分解。它会告诉你，反应混合物的任何单独组分，是否能在理论上可以达到的温度下分解。如果任何组分能在最高绝热反应温度下分解，必须了解这种分解的性质，并评估包括紧急泄压系统在内的安全措施的需要。

(4) 了解反应混合物在最大绝热反应温度下的稳定性。

在最高绝热反应温度下，除了预期的反应外，是否还有 2004 年 3 月 1 日 CCPS 安全警示中提到的其他化学反应？考虑可能的分解反应，特别是那些生成气态产物的反应。这是一个特别令人关注的问题，因为很小质量的反应冷凝液体可以产生大量的气体，从而导致密闭容器中压力快速上升。再者，如果这些可能发生，必须了解这些反应对安全保障措施需求的影响，包括紧急泄压系统；还应了解混合物的稳定性可能需要实验室测试。

(5) 确定中试装置或生产反应器的加热量和热量移除能力。

把反应搅拌器看作一种能量——大约 2550Btu/(h · hp)。了解环境变化对传热能力的影响，考虑的因素有：如反应器填料高度、搅拌、内外传热面的污垢、加热和冷却介质温度的变化、加热和冷却流体流量的变化等因素。

(6) 识别潜在的反应污染物。

特别地，考虑装置环境中可能常有的污染物，如空气、水、锈、油和油脂。考虑微量金属离子的可能催化作用，如钠、钙和其他通常存在于工艺水中的离子。这些也可能在清洗操作中遗留下来，例如使用氢氧化钠水溶液清洗设备。无论是在正常条件下或在最大绝热反应温度，都应考虑这些材料是否会催化任何分解或其他反应。

(7) 考虑反应物加注和操作条件偏离预期可能带来的影响。

例如，有没有可能出现“某个反应物被误加注两次”的偏差，如果是这样，它的影响是什么？这种偏差可能会影响反应器中发生的化学反应——例如，过量加注的物质可能与预期反应的产物或与反应溶剂发生反应，由此产生的意想不到的化学反应可能是高能的、产生气体或产生不稳定产品。考虑冷却/搅拌/温度控制的损失，溶剂或流化介质不足以及回流到进料管道或储罐的影响。

(8) 确定与反应容器连接的所有热源，并确定它们的最高温度。

假设反应器加热系统上的所有控制系统都失效从而达到最高温度，如果这一温度高于最高绝热反应温度，则需要审查反应器内物质在此温度下稳定性和反应活性信息。

(9) 确定反应器冷却源冷却下反应混合物可达到的最低温度。

考虑过度冷却带来的潜在危害，如反应混合物结冰、传热表面污垢、反应混合物黏度增强导致混合和传热性能下降、反应混合物析出固体沉淀、反应速率降低导致未参与反应物质聚集等。

(10) 与实验室或中试工厂反应器相比，考虑工厂规模设备中更高温度梯度的影响。

搅拌在工厂反应器中一般不是很有效，而且靠近传热面的反应混合物的温度可能高于(对于加热的系统)或低于(对于冷却的系统)整体混合物的温度。对于放热反应，由于混合不均和局部反应等原因，在反应物注入点附近的温度也可能较高。反应器温度传感器相对于搅拌器以及加热表面/冷却表面的位置可能会影响其提供有关实际平均反应器温度准确信息的能力。对于非常黏稠的系统，或者如果反应混合物中含有固体，会污染温度测量装置或传热表面，这些问题将更加严重。局部高温或局部低温都可能导致问题，例如，受热面附近可能会由于温度更高而导致不同的化学反应或分解。冷却盘管附近的低温会导致反应变慢，引起未反应物质堆积，进而增加反应器中的潜在化学能量。如果这种物料后来由于温度升高或反应器条件的其他变化而发生反应，则可能由于未反应原料的数量过高而发生无法控制的反应。

(11) 了解所有化学反应的速率。

没有必要开发具有速率常数和其他细节的完整动力学模型，但是你应该了解反应物消耗的速度，以及通常反应速率如何随温度而增加。热危害量热测试可以提供有用的动力学数据。

(12) 考虑可能的气相反应。

这些反应可能包括燃烧反应、其他气相反应，如有机蒸气与氯气的反应，以及环氧乙烷或有机过氧化物等物质的气相分解。

(13) 了解预期和非预期反应产物的危害。

例如，预期的反应或可能的非预期的反应，是否会形成黏性材料、固体、气体、腐蚀性产品、剧毒产品、或膨胀或降低垫圈、管道衬里或系统的其他聚合物组件的材料。如果在反应设备中发现了一种意想不到的物质，要确定它是什么以及它对系统的危害影响。例如，在氧化反应器中，已知存在固体，但不知道它们是什么，其实这些固体是自燃的，引起了反应器的火灾。

(14) 考虑做一个化学品相互作用矩阵和化学危害分析。

这些技术可以应用于工艺生命周期的任何阶段，从早期研究到工厂运营。目的是提供一种系统的方法，以确定化学品相互作用的危害和偏离预定操作条件所造成的危害。

C.2　反应工艺设计注意事项

1. 快速反应是可取的

一般来说，希望在反应物接触时化学反应立即发生。反应物立即被消耗，反应能量迅速释放，这样可以通过控制反应物的接触来控制反应。但是，必须确定反应器能够移除所有的热量和任何由反应产生的气体产物。

2. 避免在反应步骤开始时所有潜在化学能都存在于系统中的间歇工艺

如果确须操作何种间歇式工艺过程，要知道反应热，并确信最大绝热温度和压力在反应器的设计能力范围内。

3. 对放热反应使用逐渐添加或半间歇工艺

操作放热反应过程时，一种本质更安全方法是确定反应快速发生时的温度并在此温度下操作反应，至少一种反应物采用逐渐添加的方式，以限制反应器中所含的势能。这种逐渐添加的过程通常被称为“半间歇”。半间歇工艺需要对限制流反应物的添加速率进行物理限制，例如，计量泵，通过使用小进料管或限制孔来限制流量。理想情况下，当添加限制流反应物时，该物料应该立即或非常快地发生反应。如果发生冷却损失、电源故障、搅拌损失等任何类型的故障，必要时可停止反应物的进料，这样反应器内来自未反应物质的的潜在化学能将很少甚至没有。另外，还需要通过某种方法来确认限制流反应物的实际反应。直接测量是最好的，但间接方法，比如对放热间歇式反应器的冷却需求进行监测也是有效的。

4. 避免使用控制反应混合物温度作为限制反应速率的唯一手段

如果反应产生大量的热量，这种控制原理是不稳定的——温度的升高会加快反应速率，甚至释放更多的热量，这就导致温度的进一步升高和更快的热量释放。如果反应物有大量的化学势能，就会发生失控反应。这种类型的工艺过程容易受到机械故障或操作错误的影响。因为反应的所有潜在化学能都在反应釜中，对反应温度的错误指示可能导致反应温度高于预期和温度失控。其他许多单一故障也可能导致类似的后果，例如，加热系统上的阀门泄漏、操作人员控制反应器温度时发生错误和计算机控制系统的软件或硬件故障等。

5. 考虑容器尺寸对反应器产热和散热能力的影响

记住，当反应容器变大时，反应系统的产热将比系统的散热能力增加得更快。产热能力随着系统体积的增加而增加——是线性尺寸的立方，而散热能力随着系统表面积的增加而增加，因为热量通常只通过反应器的外表面散发，散热能力随线性尺寸的平方而增大。大型反应器在可能发生失控反应的短时间尺度(几分钟)内是近乎绝热的(零散热)。在一个小型的实验室反应器中，热量是能够及时移除的，甚至向周围环境的热泄漏也十分显著。但是在实验室中很容易控制反应温度，并不意味着在工厂规模的反应器中可以控制温度，需要获得前面讨论过的反应热数据，以确认工厂反应器能够维持所需的温度。

6. 在快速放热反应器的多个不同位置布置温度传感器

如果反应混合物含有非常粘稠的固体，或者反应器有盘管或其他可能抑制良好混合的内部元件，这种设置尤为重要。

7. 避免进料温度高于高于反应器内物质沸点

这可能导致反应器内物质的快速沸腾和产生蒸气。

C.3 资源及刊物

有许多有价值的书籍和其他资源可以帮助理解和管理反应性化学危害。一些特别有用的资源包括：

- 美国化学工程师协会，化工过程安全中心，《安全警报：反应物质危害》，纽约，2001 年。
- 《布莱瑟里克反应性化学危害手册，第 7 版》，巴特沃斯-海涅曼，2007 年。
- 《化学反应工作表》，美国国家海洋和大气管理局，http://response.restoration.noaa.gov/chemaids/react.html
- 美国化学工程师学会，化工过程安全中心，《活性物质安全储存和处理指南》，1995 年。
- 美国化学工程师学会，化工过程安全中心，《化学反应性评价及其在过程设计中的应用指南》，1995 年。
- 英国健康与安全执行局，《设计和操作安全的化学反应过程》，2000 年。
- 巴顿，J.，R. 罗杰斯，《化学反应危害：安全指南》，海湾出版公司，1997 年。
- 约翰逊，R. W.，S. W. 鲁迪和 S. D. 昂温，《管理化学反应性危害的基本实践》，纽约：美国化学工程师学会，化工过程安全中心，2003 年。

附录 D　安全与化学工程教育(SAChE)课程清单

表 D.1　安全与化学工程教育课程清单

课　程	年　度
安全阀：实用的泄放阀尺寸设计计算惯例	2003
微历史案例：孟山都聚苯乙烯间歇反应失控	2003
微历史案例：莫顿事件	2003
微历史案例：博帕尔灾难：历史案例(2010)＆博帕尔	2003
微历史案例：弗利克斯郡事件	2003
微历史案例：Hickson 间歇精馏分解事故	2003
微历史案例：飞利浦事件	2003
微历史案例：索纳特手阀校准事件	2003
微历史案例：托斯科炼油厂维修期间泄漏事件	2003
羟胺爆炸案例分析	2003
绿色工程设计教程	2004
金属规整填料火灾	2004
后果建模源模型Ⅰ：液体和气体	2004
化学反应危害	2005
生物安全介绍	2005
单向流和两相流紧急泄放系统设计	2005
失控反应——实验表征和泄放尺寸计算	2005
简化的泄放系统设计包	2005
大学里获取 Super Chems 和 ioXpress 的途径	2005
本质安全设计	2006
粉尘爆炸预防与控制	2006
超压和负压保护设计	2006
物料性质	2007
静电Ⅰ——关于静电，你想要了解的每件事情	2007

续表

课　程	年　度
化工过程安全中心　过程安全警示灯档案文件	2007
低强度结构体的通气设计	2007
硝基苯胺反应器破裂事件	2007
派佩·阿尔法事故学习	2007
本质更安全设计中的冲突和决策	2008
静电点火源	2008
风险评估	2008
储罐失效研讨	2008
赛维索泄漏事故案例	2008
爆炸	2009
反应活性和爆炸性材料	2009
火灾研讨	2009
过程危害分析：入门	2009
过程危害分析：工艺和实例	2009
项目风险分析：单元操作在实验室应用	2009
火灾保护概念	2010
过程安全课程展示	2010
安全操作实践：甲基丙烯酸	2010
理解意外释放在大气中的扩散	2010
道化学火灾爆炸指数(F&EI)和化学品暴露指数软件	2011
保护层分析——入门	2011
可压缩和两相流应用，包括泄压系统泄放尺寸	2011
历史案例：间歇聚苯乙烯反应器失控	2011
过程安全管理：PSM 综述	2012
保护生命：过程安全管理应用	2012
T2 失控反应和爆炸	2012

附录 E　反应性危害评估工具

E.1　筛选表和流程图

表 E.1 可用作*管理化学反应危害的关键实践*（参考文献 E.1）中所述的筛选问题答案记录表格。

表 E.1　记录筛选化学反应危害的示例表格

设施：		完成日期：	
填表人：		审批人：	
以下问题的答案是否表明存在危险化学反应？[1]			
在当前设施中：		**是，否或 NA**	**回答依据，备注**
1. 是否存在有意的化学反应？			
2. 是否有不同物质的混合或化合？			
3. 物质是否存在其他物理加工？			
4. 是否存储或处理危险物质？			
5. 空气燃烧是唯一的化学反应吗？			
6. 物质混合或物理加工过程中是否产生热量？			
7. 是否有自燃物？			
8. 是否有过氧化物？			
9. 是否有水反应的物质？			
10. 是否有氧化剂？			
11. 是否有自反应的物质？			
12. 基于以下分析，不相容的物质接触会导致不良后果吗？			
场景	**常规条件？[2]**	**R，NR 或？[3]**	**信息来源，备注**
1			
2			
3			

1. 将图 3.1 与问题 1～12 的答案结合起来，确定答案是“是”还是“否”；
2. 接触/混合是否发生在环境温度、大气压、21%氧气和无约束条件下？（如果没有，不要假设环境条件下发布的数据适用）；
3. R＝在规定的场景和条件下会反应（不兼容）；
NR＝在规定的场景和条件下不会反应（兼容）；
？＝未知，假定不兼容，直到获得进一步的信息。

图 E. 1 是一个流程图，显示了如何将表 E. 1 中的问题联系起来，以确定在设施中是否存在化学反应危险。关于第 3 章和问题编号相关的注释参考*管理化学反应危害的关键实践*中的章节。

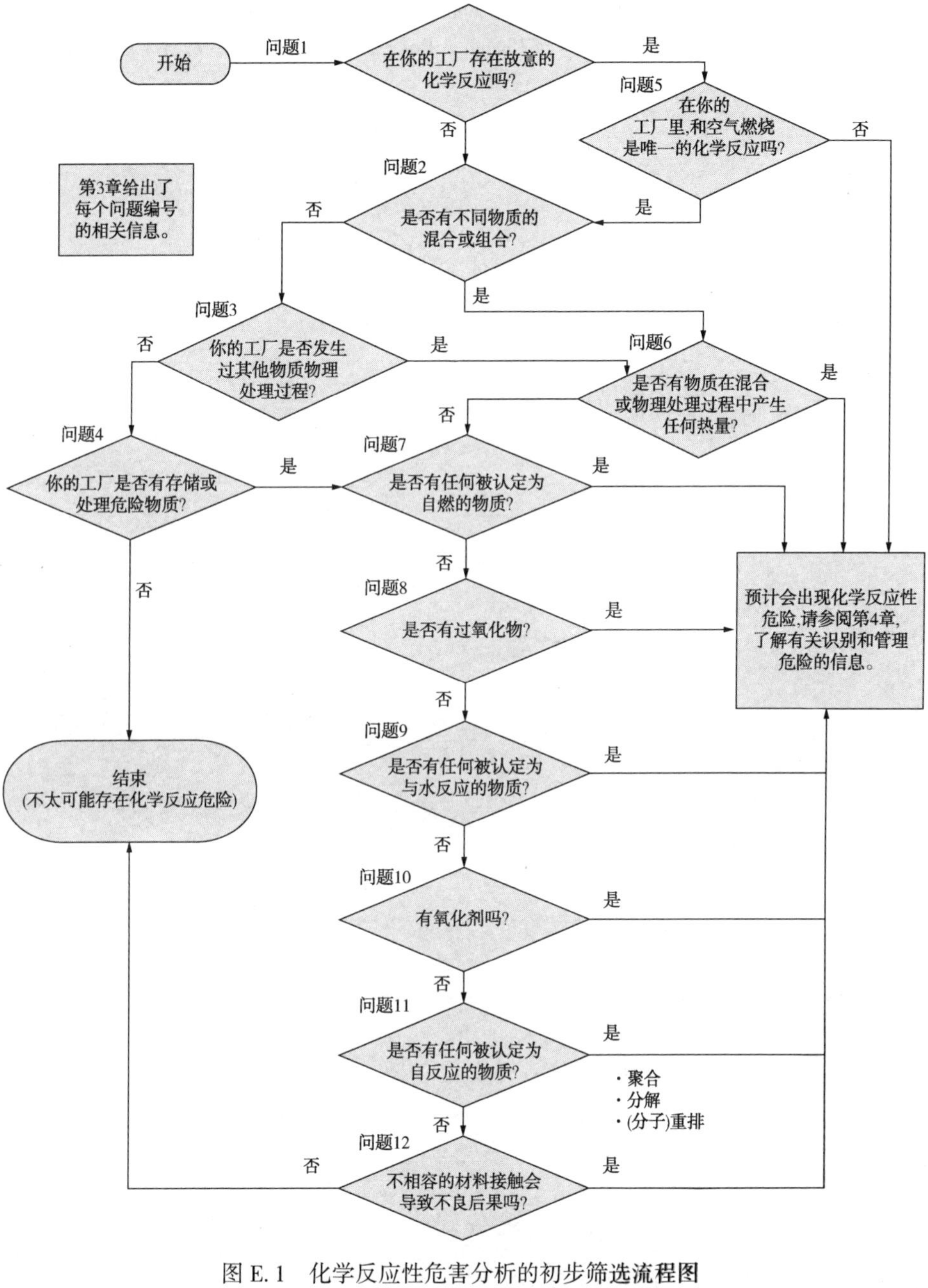

图 E. 1　化学反应性危害分析的初步筛选流程图

E. 2 参考文献

E. 1 Essential Practices for Managing Chemical Reactivity Hazards, American Institute of Chemical Engineers, Center of Chemical Process Safety, New York, NY, 2003.

索引

A

ARCO Channelview 爆炸，51
埃克森瓦尔迪兹，79
艾奎龙·安娜科蒂斯(Equilon Anacortes)
  焦化厂事故，144
安全培训课程矩阵，161
安全文化，165
安全作业规程，21，63，68，100
  电气工程师，101
仪表工程师，101
机械工程师，100

B

BLEVE(蒸气云爆炸)，133
  法国里昂事件，25
  BP 炼油厂爆炸，46
邦斯菲尔德爆炸，128
本质安全，86，104
  策略，86，104
本质安全设计，104，151
泵、压缩机、风机，105
  离心泵，106
  设计注意事项，106
  事故案例，105
  容积式泵，107
变更管理，26，50，60，74，76，81，
  87，99
标准符合性，11，69，83，97
  化学工程师，97
  机械工程师，97
博帕尔，6，85

C

CSB 视频，103
操作程序，19，63
操作守则，29，71，81，166
  工程纪律，176
  管理纪律，177
  新入职工程师，181
  操作纪律，29，166
承包商管理，24，67
持续改进，11
储罐，110
  邦斯菲尔德爆炸，128
  设计注意事项，147
  一般故障模式，133
  压力储罐，133
  地下储罐，130
  真空导致坍塌，130
  化学卸料错误，129
传热设备，110

设计注意事项，111
事故案例，111
脆弱感，10，92

D

德士古炼油厂爆炸，69

F

Flixborough 事故，26，75
福尔摩沙塑料厂的 VCM 爆炸，74
法规和标准，12，77
反应器，120
设计注意事项，124
反应危害，120
塞维索，121
T2 实验室事故，122
非常规操作，145
设计注意事项，147
过程安全事故，60
分馏危害，60
粉尘爆炸，11，117
风险，8
定义，8

G

改进，11
概念科学爆炸，55
哥伦比亚号航天飞机，33，52
工艺过程知识管理，96
仪表 & 电气工程师，96
机械工程师，96
安全工程师，96
公认和普遍接受，13
良好工程实践，13
管理评审与持续改进，38
过程安全，1
设计策略，104
指标金字塔，34
指标，34
新工程师，95，97，99
过程安全管理，6
定义，6
概览课程，152
过程安全能力，13，61
过程安全事故，34
瑞士奶酪模型，45
过程安全事件，34
过程安全文化，9，49，52，55，86，92
过程知识管理，16，49，55，96
化学工程师，96

H

HIRA(危害识别与风险分析)，17，19
衡量及指标，35
化学品安全委员会(CSB)，43
火星号气象飞行器，35

J

机械分离，117
间歇式离心机事故，118
集尘器爆炸，118
机械分离
设计注意事项，118
基于风险的过程安全，4
RBPS 要素，7

K

开车准备，28

L

LPG(液化石油气)，26，136
朗福德天然气厂爆炸，58
离心泵，106
磁力驱动，107
密封，107
炼油厂加氢裂化装置爆炸，29
良好工程实践(RAGAGEP)，13

M

Motiva 公司爆炸，21
马里亚纳井喷，87

O

OSHA PSM，7
要素，7

P

PEMEX 液化石油气爆炸，45
帕特里奇罗利油田爆炸，67
培训及绩效保障，50
培训及绩效保证，25
偏差正常化，11

Q

启动前安全检查，28
羟胺爆炸，16，157
氢氟酸泄漏，143
得克萨斯州，143

R

RBPS 要素，7
设备完好性和可靠性，69
审核，37
标准符合性，11
操作守则，29
承包商管理，24
应急管理，30
危害识别和风险管理，17
事件调查，33
变更管理，26
管理评审与持续改进，38
衡量及指标，35
操作程序，20
开车准备，28
过程知识管理，16
过程安全能力，13
过程安全文化，9
安全作业规程，21
与利益相关者沟通，15
培训及绩效保证，25
员工参与，14
燃烧设备，124
设计注意事项，127
事故案例，125

S

SAChE，151
实例，157
化学反应性危害，153
应急泄放系统，156
火灾和爆炸，154
危害识别和风险分析，155
其他危害源，154
其他单元，159
过程危害，152
过程安全概览，152

塞维索，121
塞维索指令，4
桑多兹仓库火灾，77
设备完好性及可靠性，23，51，69，100
审核，37
石油加工，136
烷基化，142
催化裂化，140
焦化，143
加氢处理，139
轻烃处理，139
过程安全危害，137，141，142
过程安全事件和危害，138
过程安全事件和危害，139
过程安全事件和危害，143
重整，141
事故预防支柱
过程安全承诺，9，44
从经验中学习，33
管理风险，19
理解危害和风险，16
事件调查，33，90，101

T

碳床事故，116
挑战者号航天飞机，9

W

危害识别与风险分析，103，107，155，160
未遂事件，33

X

吸附，115
硝酸铵爆炸，61
尼尔港，20，61
得克萨斯州市，93
新技能，164
非技术的，164
技术的，165
学习失败(未从经验中学习)，90
雪佛龙里士满炼油厂火灾，23

Y

应急管理，30，66，77
应急响应，74
英国 Piper Alpha 爆炸，24，63
有组织地变更管理，27
与利益相关者沟通，15
员工参与，14
原油处理
原油处理与分馏，138

Z

蒸馏，114
蒸馏塔事故，115
填料着火，115
组织变更管理(OCM)，27，99